(99의 ?)

발명과 발견

누가 왜 처음으로 알아차렸을까

미쯔이시 이와오 지음
손영수 옮김

전파과학사

이웃나라 한국 친구에게

여기에 다시, 내가 쓴 자연과학 계몽서의 제2탄(첫 번째 책은 『과학의 기원』)이 선을 보이게 되었다. 나의 계몽활동의 터가 한국에까지 확대되었다고 하면, 그것은 바로 나의 보잘 것 없는 삶의 확대인 것으로 인간으로서의 최고의 기쁨이다.

보다시피 내 저서는 모두 진지한 내용이다. 일본에서는 진지한 책은 환영을 받지 못한다. 그 원인은 아마 안일함에 있을 것이다. 일본이 유례없는 경제성장으로 의식주가 풍요해진 것은 그리 오래되지 않다. 그 경제성장을 가져오게 한 계기가 한국전쟁이었고, 베트남전쟁이었던 것은 다 아는 사실이다. 일본은 그 덕을 입고 풍요함을 탐닉하고 있는 셈이다. 그 풍족함 속에서는 진지한 것이 꺼려지기 쉽다.

한국이 경제적으로 성장하고 있음을 전해 듣고 있다. 성장에 취해서 안일을 탐닉할만한 사태에까지는 이르지 않았을까? 아니 이르지 않았을 것을 간절히 바란다.

나는 한국 시민이 한사람이라도 더 많이 내 저서를 읽어주었으면 하고 바란다. 아마도 한국 시민의 의식 향상에, 한국의 국제적 지위향상에 도움이 되리라고 생각한다. 손영수 형님께서 이 책을 눈여겨 본 까닭도 같은 데 있음에 틀림없을 것이다. 나는 손영수 형님에게 깊은 감사를 전한다.

미쯔이시 이와오(三石 巖)

머리말

「반(反)과학」을 말하는 과학자가 있다. 「합리주의의 시대는 끝났다」고 선언하는 학자도 있다. 이러한 풍조 속에서 발명·발견을 재인식하려고 시도하는 나의 의도를 시대착오라고 비판하는 사람이 있을 것이다. 그것을 알면서도 새삼스럽게 발명, 발견에 관하여 쓰는 것은 그만한 이유가 있다. 나는 과학세계 또는 과학기술 세계에서의 인류의 활동을 대단히 귀중하게 생각하기 때문이다.

항생 물질의 발견은 인류의 평균수명을 20년이나 연장시켰다. 로켓의 발명은 달세계 탐험을 가능케 하였다. 정지위성의 발명은 지구 반대편에서 일어나는 일을 앉아서 볼 수 있게 하였다. 원자로의 발명은 석유자원이 고갈될 위협에서 문명을 구할 것이다. 인터페론의 발견은 B형 감염환자 1억 명에게 복음이 될 것이다.

그리고 지금 전 세계는 암에 대한 효과적 치료법을 과학을 통해 해결하고자 한다.

나는 여기에서, 발명, 발견을 무조건 예찬하는 모습처럼 되었다. 그것이 부당하다는 사람도 있겠고, 편견이라고 하여 배척하는 사람도 있을 것이다.

미국이 히로시마(廣島)와 나가사키(長崎)에 원자폭탄을 투하한 이래로, 과학의 평판은 더욱 나빠졌다. 당연한 귀결이라고 보는 데에는 이의가 없다. 그러나 그것은 과학의 책임은 아니고 정치의 책임이다.

과학, 아니 과학기술이 정치에 악용되면 그 해독은 대단히 클 것이다. 그러나 이것은 과학기술이 위대한 힘이라는 것을 단적

6

으로 말하는 것이다.

과학의 본질, 과학과 정치에 관련해서 나는 나름대로 생각이 있다. 그 상세한 것은 『문명의 해체』(太平出版社)에서 기술하였지만, 요컨대 내 눈에는 과학도 과학 기술도 자율적으로 움직이고 있는 것같이 보인다. 이것을 나는 과학기술의 자기운동이라고 부르는데, 발명이나 발견은 이 자기운동에서 나온 산물에 지나지 않는다. 그리고 이것은 인류에게 행복을 가져오기도 하고, 또는 불행을 맛보게도 한다.

나는 이 과학기술의 자기운동을 점검하고 조절하는 시스템이 불가결하다고 생각한다.

구체적 예를 들어보자. DNA(데옥시리보핵산) 분자가 유전 정보를 담당한다는 것이 밝혀져 이것을 수식하는 방법이 발견되자 유전에 도전할 수 있게 되었다. 그리하여 유전자의 대체가 가능하게 되었다. 과학기술의 자기운동을 방치하면, 유전자의 대체로 어버이와는 전혀 다른 생물도 탄생할 수 있다. 그 자식이 인류의 적이 될 수도 있다. 만약 과학이 진보하지 않았더라면 절대로 일어날 수 없을 사태가 인류의 손에 의해 초래되는 것이다.

이런 일이 생기면 분명 곤란하다. 이런 사태는 미리 회피해야 한다. 그러므로 유전자의 교체를 과제로 하는 국제회의가 개최되었는데 이런 일을 나는 체크 컨트롤 시스템이라고 부른다.

결국 우리는 과학기술의 자기운동에 대해 강력한 체크 콘트롤 시스템을 내포하는 정치 내지 사회체제를 기대해야 한다. 이것이 있다면 우리는 안심하고 발명·발견을 예찬해도 좋을 것이다.

미쯔이시 이와오(三石 巖)

차례

Ⅰ. 푸른 하늘의 과학

―누가 공기의 존재를 알아차렸을까?

1. 공기는 언제, 누가 발견했을까?

우리는 공기라는 물질의 존재를 꽤 어려서부터 알고 있다. 그것은 아마도 세상 물정을 알게 되면서 부모님이나 주위의 어른들에게 배웠을 것이다. 그러나 가르쳐주는 사람이 아무도 없다고 하면, 우리는 언제, 어떤 기회로 공기의 존재를 알게 될까?

우리는 바람을 알고 있다. 그것은 어린이들도 쉽게 알 수 있는 성질을 가졌다. 센 바람, 약한 바람, 부드러운 바람, 미적지근한 바람, 찬바람, 살을 에는 듯한 바람, 눈 섞인 바람, 먼지를 일으키는 바람 등 여러 가지 바람이 있다는 것은 어떻게 표현하든 간에 체험 또는 감각으로 알고 있다. 그러나 거기에서 한 걸음 더 나아가지 않고서는 바람의 존재를 알았다고 할 수 없다. 공기를 발견했다고 말할 수 없다.

그러면 공기의 존재를 발견한다는 것은 어떤 것일까? 그것은 어떤 수단을 써서 공기를 붙잡는 데서 시작된다고 해도 무방할 것이다. 가령 수면 위에 가운데가 들린 상태로 수건을 놓고 잘 조작하면 수면과 수건 사이에서 공기를 붙잡을 수 있다. 수건 끝을 잡으면 그 속에 공기를 감쌀 수도 있다. 목욕을 좋아하는 사람은 일찍부터 이 같은 사실을 경험하였을 것이다. 그것은 가장 소박한 의미에서 '공기를 발견'하였다고 할 수 있다. 그 이상 공기의 본질 탐구에 적극적인 자세를 취하게 될 때까지, 진정한 의미의 '공기의 발견'은 없다고 할 수 있다. 진정한 의미의 "공기 발견"은 공기에 관한 과학의 출발이어야 하기 때문이다.

17세기의 독일에 오토 폰 게리케라는 사람이 있었다. 공기의 저항에 주목한 그는 천체(天體)가 가령 공기 속에서 움직인다

면, 그것은 결국 정지할 것이므로 우주 공간에 공기는 없을 것
으로 생각하였다. 그리고 진공을 만들지 않고서는 천체운행(天
體運行)에 관한 고찰을 할 수 없다고 생각하였다. 여기에서 진
공을 만드는 연구가 시작된 것이다. 당시에 진공펌프가 있을
리 없었고, 그는 통 속의 물을 펌프로 뽑고 진공을 만들려고
하였다. 그러나 공기가 새어 잘되지 않았다. 그는 구리로 만든
속이 빈 반구(半球)를 패킹으로 밀착시키고, 속의 공기를 뽑은
것을 16마리의 말이 당기는 힘으로 가까스로 떼어 놓은 '마그
데부르크의 반구'(1650년)는 유명하다.

1662년, 영국의 로버트 보일은 유리로 만든 길이가 같지 않
은 U자 관의 짧은 쪽 구멍을 막고, 긴 쪽 구멍으로 수은을 주
입하여 공기를 봉쇄하였다. 이리하여 그는 공기의 탄성을 발견
함과 동시에, 부피와 압력의 관계를 나타내는 '보일의 법칙'을
발견했다. 갈릴레오의 제자 토리첼리가 긴 유리관에 수은을 넣
고 거꾸로 세우면 진공이 되는 것을 발견한 것은 1643년이다.
이들에 의해 공기가 발견되었다.

2. 공기는 왜 보이지 않을까?

독자 중에는 공기가 보이지 않는 것은 당연한 일이 아니냐고
생각하는 사람도 있을 것이다. 그러면 그것이 왜 당연한 일이
냐고 되물었을 때 제대로 대답할 수 없으면 곤란하다.

공기는 기체니까 보이지 않는 것이 당연하다고 생각하면 잘
못이다. 왜냐하면 기체 중에도 잘 보이는 것이 있기 때문이다.
그 예로 이산화질소가 있다.

광화학 스모그의 원인이라고 떠들어대는 물질에 질소산화물

이 있다. 이산화질소는 질소산화물의 하나이다. 이 기체는 보기에도 흉한 빛을 띠고 있다. 이렇게 기체 중에도 똑똑히 눈에 보이는 것이 있다.

그러면 눈에 보인다는 것은 대체 어떤 일일까? 물체가 눈에 보이게 되는 조건은 무엇일까?

실은 간단한 일이다. 눈에 빛을 보내는 것이 보이는 것이다. 공기가 보이지 않는 것은 눈에 빛을 보내지 않기 때문이라고 생각하면 된다. 공기는 기체의 일종이므로 자유로운 분자의 집단이다. 그 분자는 너무도 작아서 빛이 와도 전혀 방해하지 않는다. 그러므로 빛은 아무것도 없는 공간을 가듯이 직진(直進)하며, 우리의 눈에 빛을 보내는 일도 없이 어디론가 가버린다.

실은 공기가 보이지 않는다고 생각하는 것은 착각이다. 잘못된 생각이다.

독자 여러분은 처음으로 우주를 비행한 소련의 가가린이 「지구는 파랗다」고 한 말을 기억하고 있을 것이다. 이 파란 것이 공기였다. 이렇게 듣고 나면 독자 여러분은 파란 하늘을 연상할 것이다. 과연 하늘의 푸름은 공기의 빛깔이다. 즉 공기는 보이는 것이다.

지구는 푸르다. 그리고 하늘은 푸르다. 공기는 푸른빛의 빛을 우리 눈에 보내 자기의 존재를 인간에게 보인다.

이산화질소는 공기가 가지고 있는 본래의 성분은 아니다. 그러므로 광화학 스모그의 원흉이라고 해도, 그리 높은 농도로 공기 중에 함유된 것이 아니니까 공기를 붉게 물들여 그 존재를 나타내는 일은 거의 없다.

제철소의 용광로에서 나오는 연기가 붉게 보일 때가 있는데,

이것은 고농도의 이산화질소를 함유하기 때문이다. 이산화질소 가스 입자는 붉은빛의 빛을 사방팔방으로 산란시켜 우리 눈에 보인다.

아이오딘 가스는 보랏빛을 갖고 있다. 아이오딘의 입자가 보랏빛의 빛을 산란하기 때문이다.

3. 산소는 왜 탈까?

영국은 살롱의 나라로 불린다. 증기기관을 발명하여 유명한 제임스 와트의 루나 소사이어티라는 살롱에 조셉 프리스틀리라는 기사가 있었다. 루나라는 말에는 '달'이라는 뜻도 있고, '미치광이'라는 뜻도 있다. 18세기에 이 모임은 매달 한 번 보름날 밤을 골라서 개최되었다.

말을 더듬는 프리스틀리는 설교 따위를 질색해서 화학 실험에 전념하고 있었다. 그것도 화학자를 무색게 하는 정열과 통찰로써, 전문적으로 기체의 분리 하고 있었다. 이산화황, 암모니아 가스, 일산화탄소 등의 발견으로 그는 왕립협회에서 상을 탔다. 그의 연구담은 와트의 연구담과 함께 살롱의 화려한 화젯거리가 되었을 것이다.

1774년에 그는 새로운 기체를 발견하려고, 닥치는 대로 화학 물질을 큰 렌즈로 집광(集光)시킨 햇빛에 비쳐 보았다. 그는 기체가 분리되는듯하면 수은을 통과하게 하여 이것을 포집(捕集)하였다. 그의 성공 비결은 기체에는 물에 녹는 것이 있으므로 물 대신 수은을 사용한 것이다.

어느 날 그는 산화수은을 가열해 보았다. 그리하여 거기에서 나오는 기체에 이제까지 알지 못했던 성질이 있음을 발견하였다. 그 속에 넣은 양초가 세차게 타며 눈 부신 빛을 내는 것이었다. 그는 이 기체에 '플로지스톤이 없는 공기'라는 이름을 붙였다. 그 당시 연소란 연소물에서 플로지스톤이 빠져나가는 현상으로 생각되었다. 밀폐된 그릇의 불이 꺼지는 것은 공기에 함유된 소량의 플로지스톤이 연소물로부터 플로지스톤의 탈출을 억제한 결과라고 설명되었다. 프리스틀리가 새롭게 발견한 기체는 플로지스톤을 함유하지 않아 양초가 활활 타올랐다. 그가 산소를 '플로지스톤화(化)된 공기'라고 한 기분을 알만하다.

17세기 말에 독일의 게오르크 슈탈이 제창한 플로지스톤은 후세의 화학자들을 몹시 갈팡질팡하게 하였는데, 여기서 탈출에 성공하여 프리스틀리의 '플로지스톤이 없는 공기'를 산소라고 개명한 것은 프랑스의 라부아지에였다.

그는 연소란 물질이 무엇인가를 잃어버리는 현상이라고 한 슈탈의 생각과는 반대로, 연소란 물질이 무엇인가를 획득하는 현상이라고 보았다. 밀폐된 병에 납을 넣고 여기에 렌즈로 햇빛을 모으면, 납은 타지만 전보다 무거워지는 것을 발견하였다. 납은 플로지스톤을 잃은 것이 아니고, 산소와 화합한 탓으로 무거워진 것이다. 그는 인간의 호흡에도 산소가 없어서는 안 된다는 것을 실증하였다.

당시 일류 화학자인 마케는 친구에게 보낸 편지에

"라부아지에는 저를 두렵게 합니다. 그의 자신만만한 태도를 보면, 두려움으로 죽을 것만 같습니다. 우리의 화학은 어디로 가는 것일까요?"

라고 썼다. 이 혁명적인 과학자가 프랑스 혁명의 희생이 된 것은 불행한 일이었다.

4. 바람은 왜 불까?

'바람이 왜 불까?'라는 물음에는 '공기는 움직이는 것이니까'라고 대답하면 될 것이다. 그러나 '바람은 어디서 불어오는가?'하고 물으면, 자연히 '바람은 어디로 가는가? 라는 물음도 나오게 된다. 그것은 물의 경우를 생각해 보면 알 수 있다. 공기도 물과 같이 '유체'로서, 흐른다는 점에서 공통성을 갖고 있기 때문이다.

공기는 눈에 보이지 않기 때문에 현상을 포착하기가 어렵지만, 물은 분명하게 보이므로 현상을 보기 쉽다. '물이 어디에서 흘러오는가?'하고 물으면 오른편에서, 산에서, 높은 곳에서와같이 보이는 대로 대답하면 된다. '어디로 흘러가는가?'라고 물으면 바다로, 낮은 곳으로 등등 역시 보이는 대로 대답하면 된다. 그런데 바람의 경우에는 그럴 수 없다.

그러나 흐름의 일반적 성질에 따르면 그것은 압력이 높은 곳에서 낮은 곳으로 향한다. 물이 높은 곳에서 낮은 곳으로 흐르는 것은 고압인 곳에서 저압인 곳으로 흐르는 것을 뜻한다. 공기도 마찬가지로 고압인 곳에서 저압인 곳으로 향할 것이다. '바람이 왜 불까?'라고 물으면, 대기 중에 고압인 부분과 저압인 부분이 있기 때문이라고 대답하면 될 것이다.

대나무 통을 입에 대고 입김을 불어 넣으면 바람이 생긴다. 이것도 통 속에 압력의 차가 생기기 때문인 것이다.

대기 중에 고압인 부분과 저압인 부분이 있는 것을 발견한 사람이 있었다면 그 사람이 '바람은 왜 불까?'에 대답한 최초의 사람이 되는 셈이다. 그는 누구일까?

우리는 고기압과 저기압을 알고 있다. 그것이 일기도에 기재

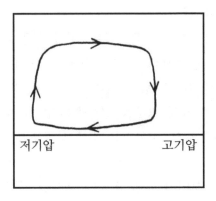

저기압　　　　　　　　　고기압

되는 것도 안다. 처음으로 일기도를 만든 사람은, 독일의 브란
데스로 1820년의 일이다. 고기압, 저기압은 지도에 등압선을
기재하는 과정에서 그가 발견하였을 것이다.

　대기압이 일정치 않은 것은 국지적으로 온도 차가 있기 때문
이며, 온도 차가 생기는 것은 태양열 때문이다. 따라서 바람이
부는 것은 태양 때문이라고 말할 수도 있다.

　저기압의 중심에서는 상향풍이 불고 고기압의 중심에서는 하
향풍이 분다. 이 상승기류와 하강기류가 하나의 순환계를 이루
는 결과로 지상에는 지표를 따라 바람이 분다. 이 바람은 고기
압의 중심에서 저기압의 중심을 향하게 된다. 이때 풍향이 등
압선과 직각이 되지 않는 것은 기류가 지구의 자전에 의한 힘
을 받기 때문이다. 그 힘은 상승기류나 하강기류의 기둥에 회
전운동을 준다.

5. 구름은 왜 하늘에 떠 있을까?

「잭과 콩나무」라는 동화가 있다. 동화에서 구름은, 손이 쉽게

닿지 못하는 세계에 있었다. 그러나 지금은 비행기를 타면 구름을 눈앞에서 볼 수 있다. 그리고 별로 떨어지는 기색도 없고 솜 같은 모양으로 둥둥 떠 있는 사실을 알게 된다. 그러나 그것이 과연 떨어지지 않고 공중에 떠 있는 것일까?

우리는 지구의 중력을 생각하지 않을 수 없다. 중력은 만물을 땅으로 끌어 내린다. 구름만 예외라면 이상하지 않은가?

공기를 생각해 보자. 이것은 질소 분자, 산소 분자 등의 집단이다. 이들 분자가 떨어지지 않는 것은 확실하다. 만일 떨어진다면 지면에는 공기가 얼음으로 얼 것이다. 이들 분자는 중력을 받으면서도 낙하하지 않는다. 여기서는 기체의 중요한 성질과 관계가 있다.

기체에 관한 연구는 유럽에서는 오랜 기간 동안 이루어졌는데, 여기에서 참고가 되는 것은 '기체 운동론'이다. 그 최초는 탄성에 관한 「훅의 법칙」으로 알려진 영국의 로버트 훅의 연구이다. 1678년, 그는 '공기는 아주 작고 매우 민첩하게 움직이는 입자의 집단'이라고 말했다. 공기 분자는 움직이고 충돌을 거듭하여 서로의 거리를 유지하므로 낙하하는 일이 없다. 동시에 그것은 공기 중에 있는 물체에 팔방으로 충돌하여 그 중력에 의한 낙하를 방해한다. 그 물체가 작으면 작을수록 낙하속도는 작아진다. 이 관계를 이론적으로 밝힌 사람이 영국의 조지 스톡스이며, 1850년의 일이다. 그것은 「스톡스의 법칙」이라 하여 지금도 많이 이용된다.

공기 중의 물은 수증기, 물방울, 빙정(氷晶)*의 세 형태를 취

*대기의 온도가 0도 이하일 때 대기 속에 생기는 눈 따위와 같은 얼음의 결정

22

한다. 수증기는 흩어진 분자이므로 공기 분자와 마찬가지로 낙하하는 일이 없다. 물방울이나 빙정은 주위의 분자로부터의 충돌 공격을 받고 방해를 받지만 낙하한다. 그 속도는 입자의 크기에 따라 결정된다. 구름은 물방울 또는 빙정의 집단이므로 어김없이 낙하한다. 구름 입자의 반경은 1~30미크론이므로 그 낙하속도는 시속 0.15~14m가 된다. 그러므로 두둥실 떠 있는 것처럼 보이는 것도 무리가 아니다.

구름이 거의 떨어지지 않는다는 것은 주위의 공기와의 상대운동이 거의 없다는 것이다. 그러므로 바람이 불면 바람과 함께 사라진다. 하늘 높이 빗자루로 쓴 것 같은 구름을 가끔 볼 것이다. 이것은 비로 쓴 것이 아니고 바람이 쓴 것이다. 그 줄기가 밑을 향하여 뻗어 있으면 구름이 서서히 낙하하고 있다.

분자 상태가 되면 납, 농약, PCB도 다른 분자와 행동을 같이하여 언제까지나 떨어지지 않는다.

6. 지구의 둘레에만 왜 공기가 있을까?

지구에는 대기가 있는데 달에는 대기가 없다. 그것은 필연적인 일일까, 우연일까? 미국, 소련의 우주연구가 진보함에 따라 금성, 화성의 대기 압력이 실측되었다. 전자는 90기압, 후자는 100분의 1기압이라고 한다. 이 같은 데이터는 대기가 있느냐, 없느냐가 아니고 얼마나 있느냐, 얼마만큼의 압력으로 존재하느냐의 문제임을 시사한 것이다. 지구가 대기를 가진 것은 필연적이었다. 달에 대기가 존재하지 않는다고 해도 그것은 그 압력이 너무도 낮아서 측정할 수 없다고 생각하는 것이 옳다. 왜냐하면 달의 산이 분화하여 가스를 분출하는 것이 관측되기

때문이다. 처음으로 이 현상을 발견한 과학자는 소련의 코지레프이고, 1958년의 일이다. 그는 스펙트럼 분석으로 이산화탄소를 검출하였다.

'지구에 공기가 왜 있는가'하는 문제를 처음으로 진지하게 다룬 사람이 누구인지는 아무도 모른다. 그러나 기록에 남아 있는 영국의 로버트 훅이다. 그는 같은 나라의 패러데이가 「양초의 과학」 속에서 후커(Hooker, Hooke를 빗댄 이름)라고 빈정거릴 정도로 인기 없는 학자였으나, 다음에서 보듯이 그 업적은 놀랄 만큼 다방면에 걸쳐 있다.

1678년에 발표된 탄성론에서 훅은 다음과 같이 썼다.

"대기는 지구를 둘러싼 지극히 작은 입자로 이루어졌다. 그 한쪽 끝은 지표에 의하여 구분되며, 위를 향하여 무한으로 확장되어, 그 자체의 무게 때문에 날아가 버리지 못하게 제지당하고 있다."

여기에서는 지구의 경우만 기록되어 있지만, 천체가 대기를 갖

24

는 논리가 다 전개된 느낌이다. 요컨대 지구에 대기가 있는 것은 지구의 중력이 공기를 붙들어 놓을 만큼 큰 데 기인한다.

여기에 인용한 글 뒤에 또는 다음과 같이 쓰였다. 공기 분자는 격렬하게 움직이고 있다. 그것은 대기의 표면에서 우주 공간으로 날아가 버리려고 하나 지구의 중력이 이것을 제지한다. 기체 분자의 속도는 온도가 일정하면 분자량이 적을수록 크다. 그러므로 수소가 가장 빠른 속도로 움직이고 있는 셈이다. 대기의 표면에서 이탈하는 확률은 수소 분자가 가장 크다. 지구의 대기에 수소가 적은 것은 그런 이유라고 생각해도 된다.

7. 공기는 왜 액체로 될까?

공기라는 기체는 단체(單體)가 아니다. 한 종류의 분자 집단이 아니다. 정확히 말하면 공기는 질소 78.09%, 산소 20.95%, 아르곤 0.93%, 이산화탄소 0.03%, 네온 18PPM, 헬륨 5PPM, 크립톤 1PPM, 수소 0.5PPM, 제논 0.08PPM으로 구성되어 있다. 액체 공기라는 것이 있는데, 이것은 이들 액체의 혼합물이라고 생각하면 될 것이다. 그러나 실제로는 수소와 헬륨은 액화 과정에서 빠져나간다. 공기 성분 중에서 액화되기 쉬운 것만이 액체 공기의 성분이 되는 셈이다.

공기를 구성하는 기체 분자는 어느 것이나 자유로이 떠돌아다니고 있다. 가령 이것을 액체로 만들려고 하면, 분자를 억제하여, 그 운동 범위를 이웃 분자의 인력이 미치는 곳에 한정시켜야 한다. 그러기 위해서는 분자의 속도를 아주 느리게 할 필요가 있다. 이것은 온도를 아주 낮게 해야 한다는 것이다.

결국 공기 액화의 첫째 조건은 '냉각'이다. 그리고 둘째 조건은 '압축'이 되겠다. 왜 압축하는가 하면, 기체 분자는 속도가 작아져도 자유로이 떠돌아다닐 수 있기 때문이다. 이런 분자는 다른 분자에 충돌해도 튕겨 나가 다시 자유를 되찾는다. 이렇게 되어서는 액체로 될 수 없다. 그러므로 압축하면 분자와 분자 간의 간격이 좁아져서 분자는 서로 그 인력에 의하여 끌어당긴 위치에서 속박된다. 이것이 곧 액체 상태이다.

이와 같은 원리로, 공기의 액화는 냉각과 압축에 의하여 이루어진다. 최초로 이를 성공한 사람은 독일의 카를 폰 린데이며, 1895년의 일이다.

액화에 필요한 온도를 임계(臨界)온도라고 하는데, 공기의 임계온도는 -1,470℃이다. 또 임계온도에서 액화하는 데 필요한 압력을 임계압력이라고 한다. 공기는 37.2기압이다. 린데는 냉각장치와 압축장치를 짜 맞추어 액체 장치를 만들었다.

액체 공기를 방치하면 끓는점이 낮은 성분부터 증발한다. 즉 네온, 질소, 아르곤, 산소, 크립톤, 제논의 순서로 된다. 따라서 적당한 장치로 이것들을 분리, 채취할 수 있다. 산소 봄베(bomb)에 충전하는 산소도, 네온램프에 충전하는 네온도, 제논램프에 충전하는 제논도 공기를 액화하여 만든 것이다. 이런 일에 제일 먼저 착수한 사람도 린데이며, 그가 산소의 분류에 성공한 것은, 1902년의 일이었다.

8. 산소는 없어지지 않을까?

우리 주위의 여기저기에서 물질이 탄다. 도시의 소각장에서는 산더미 같은 쓰레기가 탈 것이며, 가정에서도 쓰레기를 태우는 일이 있을 것이다. 지구상에서 특히 큰 연소는 화전(火田)

이다. 이것은 농지를 마련하기 위해 산림을 태우는 일인데 이 연기가 인공위성에서 보일 때도 있다. 화력발전소에서 태우는 중유는 그다지 크지 않으나, 각국의 것을 합치면 상당할 것이다. 세계를 누비는 비행기, 자동차, 선박의 엔진에서 일어나는 연소도 결코 무시할 수 없다. 작게는 성냥을 긋는 것도, 담배를 피우는 것도, 석유 난로를 피우는 것도 모두 연소이다. 이처럼 인위적으로 연소할 때 그만큼 자기 주변의 산소가 소모된다는 것을 생각하는 사람이 있을까? 지구를 둘러싼 대기 중의 산소에는 한도가 있지 않을까?

사실을 말하면 자연계에는 불가항력이라고 할 연소가 있다. 동식물의 호흡이 그것이다. 그것을 멈추라고 하면 인간은 죽음에 이른다. 인간의 호흡에 관해 처음 실험적 연구를 한 사람은 프랑스의 앙투안 라부아지에이다. 그는 호흡의 본질이 연소인 것을 실증하였다. 연소 이론 그 자체도 그의 발견이다.

연소라고 하는 현상은 보통 산소 중에서 일어나는데, 이 산소의 명명자가 라부아지에인 것이다. 그는 또한 공기가 질소와 산소 두 기체의 혼합물임을 증명하였다.

어쨌든 지상에는 헤아릴 수 없을 정도로 많은 종류의 연소가 있다. 그중에는 불가피한 것도 있고, 피할 수 있는 것도 있다. 그러나 모든 연소에는 산소의 소비가 따른다는 사실을 잊어서는 안 된다. 이대로 간다면 언젠가 산소가 없어지는 것은 아닐까?

원시(原始) 대기에 산소가 함유되지 않았다는 것이 이론적으로 추측된다. 그리고 지금 있는 산소가 녹색식물에 의하여 만들어졌다는 것도 확실하다. 물론 지금도 지구상의 모든 녹색식물이 산소를 만들고 있다. 엽록소가 이산화탄소와 물로써 당

(糖)을 합성하는 반응의 부산물로서 산소가 생겨난다.

문제는 산소의 수지균형이다. 거시적으로 보면, 연료로서의 석유 소비의 증가는 곧 산소 소비의 증가를 뜻한다. 추정에 의하면 산소 발생량의 절반은 해조(海藻)에서, 절반은 육상식물에서 이루어지고 있다. 다행히 석유의 소비는 최근 크게 늘지 않고 있다. 그러나 해양의 오염은 해조류를 파괴하고 있다. 대기와 바다에 축적된 산소가 감소하고 있다. 지금 상태로는 산소를 1000년 이상 유지할 수 있다고 하나, 그보다 훨씬 전에 산소 결핍으로 우리는 호흡이 곤란해지지 않을까? 따라서 필요없는 연소는 삼가야 한다.

9. 하늘은 왜 푸를까?

푸른 하늘처럼 사람의 마음을 시원하게 하는 것도 없다. 그러기에 하늘이 왜 푸른가 하는 어려운 의문이 어린이들은 물론 어른들에게도 생긴다.

가볍게 대답한다면, 푸른색의 빛깔이 오기 때문이라고 하면 될 것이다.

더 깊이 파고들어야 비로소 왜 푸른빛이 하늘에서 내려오는가 하는 의문이 생기게 될 것이다.

새삼스럽게 하늘을 쳐다볼 것까지는 없지만, 푸른빛이 하늘에서 온다고 해도 하늘 전체에서 오는 것은 아니다. 태양은 희게 보인다. 그 주위도 푸르다고 할 수는 없다.

그러면 참으로 눈부신 푸른 하늘은 어디일까? 이것은 실제로 관찰하여 비로소 이해할 수 있는 성질의 것이나, 태양광선을 직각으로 보는 방향이다. 이 방향의 하늘이 어디보다도 푸른빛

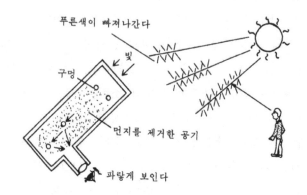

푸른색이 빠져나간다

구멍

빛

먼지를 제거한 공기

파랗게 보인다

이 진하며, 정면에서 벗어남에 따라 푸른기가 엷어진다.

그러면 다음에는 무엇이 그렇게 만드는가? 하는 의문이 든다. 이 의문은 무엇이 푸른빛을 보내오는가 하는 것과 관련이 있다.

여하튼, 하늘에는 무엇인가가 있어야 한다. 무엇이란 물체 이외의 것은 아니다.

하늘에는 공기가 있고, 공기 중에는 미세한 먼지가 떠 있다. 옛날에는 이 먼지야말로 푸른빛을 보내오는 것으로 생각하는 사람이 많았다.

먼지의 크기가 푸른빛의 파장 정도이면, 여기에 도달한 여러 가지 빛깔의 빛 중에서 푸른빛이 산란한다. 즉, 이 점을 2차적 광원으로 하여 푸른빛이 사방팔방으로 퍼지는 것이다. 이 빛을 보고 우리는 하늘이 푸르다고 한다. 일광에 직각이 되는 방향이 특히 진한 청색으로 보이는 것은 산란광이 그 방향에 강한 데 기인한다.

그러므로 산란의 근원이 먼지라고 하는 설은 지금은 통하지 않는다. 먼지를 완전히 제거한 공기를 L자형 통에 넣고, 그 한 쪽 구멍을 흰 광원에 향하게 하고, 다른 쪽 구멍으로 들여다보면 공기가 푸르게 보였다. 공기 분자가 고르게 분포되어 있다고 할 수 있지만, 엄밀하게 따지면 그렇지는 않고, 이곳저곳에 빈 데가 있다. 그 지름이 푸른빛의 파장 정도여서 푸른빛을 산란케 하는 것이다.

10. 광화학 스모그는 왜 생길까?

1960년대까지 우리는 운동장에서 놀다가 갑자기 졸도하거나, 호흡이 가빠지고 가슴이 답답하거나, 눈이 따끔따끔한 이상한 일이 없었다. 그런데 이러한 사건이 생기자, 그 원인을 '광화학 스모그'에서 찾았다. 그러나 이런 현상을 집단 히스테리라 하여 공해문제로 삼지 않는 의사도 있으나, 한번 당한 학생은 언제나 간장이 붓고, 미열로 고생하고, 학교 성적이 나빠진 예가 많다. 여하튼 도시나 도로 주변의 공기는 오염되고 있다.

스모그(smog)라는 말은 연기(smoke)와 안개(fog)를 결합한 말이다. 요컨대 이것은 연기와 안개의 혼합물이다. 또 광화학이라는 말은 광화학 반응을 뜻하며, 빛의 에너지에 의하여 발생하는 반응이다. 빛이라고 하지만, 보통의 빛은 파장이 짧은 탓으로 에너지가 큰 자외선을 말한다. 이 자외선이 차의 엔진이나 연소로 굴뚝에서 뿜어내는 질소산화물에 작용하면 광화학 스모그가 생긴다고 한다. 따라서 자외선이 약한 계절이나 시각에는 발생하지 않는다.

차의 배기가스를 원료로 하는 광화학 스모그는 도로 주변을 직접 침해한다. 굴뚝의 연기를 원료로 하는 광화학 스모그는 바람을 타고 녹지대로 번진다. 지상의 물체가 차가운 곳에는 하강기류가 생기기 때문이다.

광화학 스모그를 물질로 볼 때, 그것을 옥시던트(Oxidant)라고 한다. 이것을 '총산화물(總酸化物)'이라고 번역하는 사람도 있다. 옥시던트의 90% 이상이 오존이며, PAN(질산과산화아세틸)과 알데히드가 여기에 섞여 있다. 실제로 광화학 스모그에는 질소화합물도 아황산가스도 일산화탄소도 함유되어 있다.

한때 광화학 스모그의 대표적인 발생지역은 로스앤젤레스였으나, 도쿄(東京)형 광화학 스모그는 그 조성이 이것과는 달라서 분명치 않은 점이 많다. 어쨌든 옥시던트의 주성분인 오존이 호흡기를 침해하는 것은 확실하다.

폐에서 가스교환의 주역은 무수한 폐포(肺胞)이다. 폐포가 포도송이처럼 모인 것이 폐이다. 폐는 횡격막을 조이면 부풀고, 늦추면 오므라든다. 이때 폐포도 부풀었다 오므라졌다 하여 공기가 들었다 나갔다 하게 된다. 폐포 내면에 있는 막에 충분한 탄성과 강도가 없으면 호흡이 곤란하다. 오존이 있으면 산화작용이 생겨서 이 막이 찢기든가 탄성을 잃게 된다. 호흡곤란은 이 때문에 생긴다.

차에서 나오는 질소산화물은 실린더 속에서의 질소 연소에 의한 것이므로 온도가 높을수록 양이 많다. 프랑스의 사디 카르노는 1824년 온도가 높을수록 엔진의 효율이 큰 것을 증명하였다. 이 딜레마를 경제적으로 벗어나는 길은 차의 무게를 줄이는 일뿐일 것이다.

II. 비행기의 과학
—어떻게 하늘을 날 수 있나?

11. 새는 어떻게 하늘을 날 수 있을까?

'새처럼 날 수 있으면 매우 편리하고 즐겁겠지!'라는 생각은 예로부터의 꿈이다. 고대 그리스의 시인 아리스토파네스도, 19세기의 시인 괴테도 이 꿈을 노래하였다. 그러나 새가 어떻게 하늘을 날 수 있는지에 대답하는 것은 시인의 일이 아니고 과학자의 일이다.

과학에는 방법이 없어서는 안 된다. 그 방법은 항상 논리적이다. 과학자라고 불리는 사람은 논리적 사고에, 즉 이치를 따져 사물을 생각하는 데 익숙하다. 여기에서 17세기의 대과학자 레오나르도 다빈치를 소개한다. 물론 새가 어떻게 하늘을 날 수 있는지와 관련된 얘기다.

명화 〈모나리자〉에 매혹된 사람은 다빈치를 화가로밖에 생각하지 않을지 모르나, 그는 과학자이자 기술자며 다재다능한 만능선수였다. 그는 비행기를 발명하려 했으며 그 설계도를 남겼다. 하늘을 나는 꿈이 머릿속에 있었다는 증거일 것이다.

다빈치는 과학자였다. 그는 사람이 하늘을 날기 위해서는 새의 흉내를 내야 한다고 생각하여 새가 나는 방법에 대해 놀랄 정도로 면밀한 관찰을 하였다. 그리하여 그것을 일류 화가다운 솜씨로 세밀하게 그렸다. 날개를 펄럭거리는 모양, 착륙할 때의 자세 등이 정확하게 도면으로 남아 있다. 그뿐인가? 새를 해부까지 하여 그림으로 남겼다.

그는 자신이 관찰한 수많은 자료를 근거로 철저한 연구를 거듭한 끝에 그럴듯한 비행기의 모습을 만들어 냈다. 그는 비행기를 어떻게 만들어야 하는지 그 과제를 풀기 위해 새는 어떻게 하늘을 날 수 있는가 하는 문제에 도전한 셈이다.

새의 깃털구조

새는 날개가 있다. 그 구조는 매우 합리적으로 되어 있어, 날개를 올릴 때는 공기가 위에서 밑으로 빠지지만, 날개를 내릴 때는 공기가 새지 않게 되어 있다. 그러므로 날개를 펄럭거리면 새의 몸은 떠오른다. 깃털의 구조에서 생기는 이 합리적인 작용은 다빈치로서도 흉내 내기가 어려웠다. 공기가 통하지 않는 날개는 박쥐가 갖고 있다. 사람이 만드는 비행기의 날개는 아무래도 박쥐형이 되지 않을 수 없었다.

새의 몸은 가볍다. 그것은 뼛속이 비어있기 때문이다. 이것도 흉내 내기 어렵다. 새는 절묘하게 되어 있는 날개와 가벼운 몸으로 하늘을 날 수 있는 것이다.

12. 사람의 힘으로 하늘을 날 수 있을까?

화가, 과학자, 기술자로서 역사에 남은 거장 레오나르도 다빈치가 새가 나는 모양을 관찰하여 세밀한 스케치를 그리고, 새의 몸을 해부하여 그 뼈와 근육의 특징을 살핀 것은 유명하다. 그는 인간이 새를 흉내 내어 하늘을 날 가능성을 알고자 했다.

그는 새가 활공하는 것보다도 펄럭이는 것에 주목하였다. 활

인력 비행기

공이라면 높은 곳에서 날아내려 올 뿐 날아오르지 못하므로 신통치 않게 생각한 것 같다. 그보다 새의 본질은 활공에 있는 것이 아니고 하늘로 날아오르는 데 있다고 생각했을지도 모른다.

그렇다면 새의 흉내를 내는 것은 곧 날개를 치는 흉내가 아닐 수 없다. 설마 발로 하지 못할 터인즉, 팔의 힘을 이용하는 장치를 생각할 수밖에 없었다. 그래서 그는 팔에 붙들어 매는 날개를 설계하였다.

체조에 링이라는 종목이 있다. 건장한 청년이 두 팔을 똑바로 수평으로 펴고, 온몸의 힘을 다하여 가까스로 자기의 체중을 지탱한다. 날개를 치면서 하늘로 날아올라 가려면 더욱 큰 힘이 필요할 것이다. 그것은 결국 불가능한 일이다. 인력으로 하늘을 날 생각을 한다면, 날개 치는 일이 아니라 활공을 흉내 내야 할 것이다. 활공 장치를 만들어 팔보다 힘이 센 다리를 써서 추진력(물체를 운동 방향으로 밀어붙이는 힘)을 내는 일을 생각해야 한다.

13. 왜 떠올림 힘이 생길까?

영어에 '리프트(lift)'라는 단어는 여러 뜻으로 쓰인다. 겨울에 스키어를 나르는 리프트도 있고, 엘리베이터도 리프트이고 여기에서 이야기하는 떠올림 힘도 리프트이다.

비행기를 생각할 때 양력을 뺄 수 없다. 다빈치의 비행기가 실패한 것은 날개 치는 것만을 생각하여 떠올림 힘을 알아차리지 못한 데 있다. 새는 떠올림 힘을 이용하여 하늘을 날고 있는 것이다.

수도꼭지를 틀고 떨어지는 물에 수저의 등을 대어 보자. 수저는 물의 흐름에 빨려든다. 이 빨아들이는 힘이 떠올림 힘, 즉 양력(揚力: 유체 속에 운동하는 물체에 물체 운동과 수직 방향으로 작용하는 힘)이다.

떠올림 힘이라고 하니까 올려 미는 힘이어야 할 것으로 생각하는 사람이 있을지 모르겠지만, 이러한 경직된 생각은 물리학에서 금물이다.

물론 떠올림 힘을 문자 그대로 올려 미는 힘으로서 나타내는 실험도 있다. 다음 그림과 같이 종잇조각이 수저의 등처럼 휜 것을 책상 위에 놓고 입김을 불어보자.

종잇조각의 등이 들어 올려질 것이다. 올려 미는 힘이 작용하였다고 생각할 수 있다. 이것이 즉 떠올림 힘이다.

떠올림 힘이 나타난 이유는 무엇일까?

공기의 흐름은 눈에 보이지 않으나, 그 유선(流線)은 대체로 그림과 같이 되어 있을 것이다. 유선은 종잇조각 근처에서 조밀하게 되어 있다. 여기에서는 공기가 급하게 흐를 것이다. 공기는 여기에 와서 갑자기 빨라지고 이곳을 통과하면 다시 늦어진다.

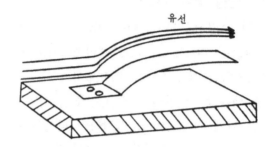

공기 흐름의 속도가 크다는 것은 운동 에너지가 크다는 것을 뜻한다. 그리고 공기의 흐름이 갖는 기계적 에너지에는 운동 에너지와 압력 에너지가 있고, 양자의 합계는 일정하다고 생각해도 무방하다. 이 관계는 베르누이에 의하여 공식화되었다.

이 정리에 의하면 운동 에너지가 커지면 압력 에너지는 줄어든다. 공기의 흐름이 빨라지면 압력은 낮아진다는 것이다. 종잇조각은 그것에 가해지는 압력이 낮아졌으므로 들어 올려진 것이다. 이것이 떠올림 힘의 실체이다.

비행기의 날개와 프로펠러 등이 솟아올라 있다. 이 모든 것은 떠올림 힘을 만들기 위한 것이다.

14. 어떻게 라이트 형제는 하늘을 날 수 있었을까?

비행사란 말이 하늘을 나는 사람이라는 뜻이라면, 2층의 창에서 뛰어내리는 사람도 비행사에 속할지 모르겠다. 또 맨몸으로 뛰어내리는 경우는 아니라고 한다면, 우산을 펴고 뛰어내리는 사람은 비행사가 되는 셈이다.

우산 같은 것으로는 안 된다. 특별히 만든 하늘을 나는 장치를 사용해야 한다면 조건은 매우 까다로워진다. 그렇다면 큰 연을 타고 하늘에 오르면 당당한 비행사라고 할 수 있지 않을까?

이러한 것들을 모두 비행사라고 한다면 비행사의 역사는 꽤 오래되었을 것이 틀림없다. 그리고 역사를 더듬는 것은 불가능하다. 이러한 비행사는 각 나라에 나타나 아마도 미치광이로 몰렸을 것이다.

글라이더가 발명된 후에 본격적인 비행이 시작되었다. 그러나 글라이더는 물리학적으로 보면 이른바 자유낙하 장치에 불과하다. 떠올림 힘을 이용함으로써 또 상승기류를 이용함으로써 체공 시간과 활공 거리를 늘일 수 있을 뿐이다.

비행기에 이르면 원동기를 갖게 되므로 그것은 단순한 자유낙하 장치가 아니다. 비행사라고 불리는 사람은 역시 비행기를 타는 사람이어야 할 것이다. 실례가 될지 모르겠으나, 글라이더를 타는 사람은 활공사가 아니면 자유낙하사라고 해야 할 것이다. 인류 최초의 비행사가 누구냐고 하면, 바로 라이트 형제이다.

라이트 형제는 목사의 아들이었다. 어려서부터 공작하는 것을 좋아해서 연이나 썰매 같은 장난감을 많이 만들었다. 이것을 본 어머니는 설계도를 그리게 하고 정확한 작업을 지도하였을 뿐 아니라, 일찍부터 공기에 저항이 있다는 것을 가르쳤다고 한다. 얼마쯤 커서의 일이지만, 아버지가 배부하는 신문지를 접는 기계를 발명한 적도 있다. 그리하여 마침내 형제끼리 신문을 발행하게 된다. 형의 이름은 윌버, 동생의 이름은 오빌인데 여동생 캐더린도 있다. 이 세 사람은 일생을 독신으로 지냈는데, 여동생은 항상 뒤에서 오빠들의 일에 협력하였다.

38

형제는 장성하여 자전거 가게를 차렸다. 그 자전거는 경쟁업
체보다 매우 강해 장사는 번창하였다. 그러나 이에 만족하지
않고 형제는 비행기 발명을 꿈꾸었다. 그래서 릴리엔탈의 글라
이더 실험에 관해, 그 저서를 보고 철저히 연구하였다. 1901년
가을부터 크리스마스에 걸쳐 200종이 넘는 날개형 모형을 만
들고 풍동(風洞: 인공으로 바람을 일으켜 기류가 물체에 미치는
영향이나 작용을 실험하는 터널형의 장치)실험을 거쳐 최종적
인 날개형을 결정하였다.

형제가 인류 최초의 비행사가 된 것은 1903년 12월 17일이
었다. 비행기는 20m의 레일을 활주하여 이륙에 성공하여 고도
3m에 오르고 36m를 날았다.

15. 비행기는 어떻게 날 수 있을까?

비행기가 어떻게 날 수 있느냐 하는 문제는 새가 어떻게 나
느냐 하는 문제나 글라이더가 어떻게 나느냐 하는 문제와는 다
르다. 글라이더 역사의 실질적인 첫 페이지를 장식하는 릴리엔
탈은 바다 위를 스치듯이 나는 새를 잘 관찰하였다고 하는데,
그런 새 중에 '앨버트로스'라고 하는 새가 있다. 이 새는 날개
쳐서 날 수가 없다. 해안의 절벽에 살고 있으면서 거기에서 떨
어지듯이 하여, 속도를 얻어서 날아오른다. 릴리엔탈이 언덕을
뛰어내려 이륙한 것은 이 흉내인지도 모른다.

날개 치지 않고 날아오르는 새는 앨버트로스밖에 없지 않을
까? 그 때문에 이 새를 바보 새라고 부르는 나라도 있다. 릴리
엔탈은 사고로 죽기 전부터 날개 쳐서 날아오르는 비행기를 만
들려고 하였다. 엔진은 압축 이산화탄소를 동력으로 한 것이다.

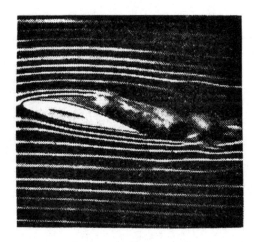

날개의 걸리는 공기의 흐름

그의 생각으로는 다른 새들처럼 날개 쳐서 부상(浮上)하고, 그 뒤에는 글라이더 식으로 할 셈이었다. 이것은 지금의 비행기와는 그 발상이 다르다.

그러면 현재의 비행기는 어떻게 나는 것일까?

그것은 원동기로 공기를 뒤로 민다. 즉 '추력'을 갖고 있다. 이것은 새나 글라이더와는 다르다. 새나 글라이더가 활공할 때에는 중력에 의한 낙하운동으로 전진하며, 날개에 공기를 받고, 자연의 떠올림 힘을 만든다. 이때 날개와 공기와의 상대운동은 자연스러운 것이다. 이에 반하여 비행기는 추력에 의하여 전진 속도를 크게 하여, 인위적으로 큰 상대운동을 만들어 큰 떠올림 힘을 만든다. 이 떠올림 힘은 인위적이다. 인위적으로 만든 큰 떠올림 힘으로 무거운 기체를 뜨게 하는 것이 비행기의 특징이다. 떠올림 힘을 만들어 공중에 떠오르고, 또한 전진한다. 이것이 '날다'는 의미가 아니겠는가.

비행체에 작용하는 힘을 다루는 과학은 '유체과학'이다. 『유체역학』이라는 저작으로 1738년, 이 과학을 탄생시킨 스위스의 다니엘 베르누이는 흐름의 속도가 큰 곳에서는 압력이 낮다는 것을 발견하였다. 이른바 '베르누이의 법칙'이다. 비행기의 날개는 윗면이 솟아오른 형태로 되어 있다. 솟아오른 면에 부딪혀 흘러가는 공기는 아랫면에 부딪혀 흐르는 공기에 비교하여 속도가 크다. 여기에서 공기가 날개에 미치는 힘은 윗면이 아랫면보다 작다. 이 속도의 차가 위로 향하는 떠올림 힘을 만든다고 생각하면 된다.

16. 비행기는 왜 빠를까?

비행기는 왜 빠른가 하는 문제는, 새는 왜 비행기만큼 빠르지 못한가, 글라이더는 왜 비행기만큼 빠르지 못한가 하는 문제와 같다. 독자 중에는 비행기에는 원동기가 있지만, 새나 글라이더에는 그것이 없으니까 당연한 일이 아니냐고 할 사람도 있을 것이다. 그것은 그런대로 옳은 생각이지만 다르게 볼 수도 있다.

글라이더를 만들어 실제로 하늘을 난 릴리엔탈은 돌풍을 받고 실속(失速: 비행기 몸체의 양 날개가 급격히 양력(揚力)을 잃는 현상)한 까닭으로 추락하여 치명상을 입었다. 그는 날개의 작용을 이론적으로 파악하고 있었으므로 실속의 위험을 잘 알고 있었다. 실속의 원인이 되는 돌풍을 충분히 경계하였을 것이다. 그러기에 2천 회 이상의 실험 비행을 무사고로 할 수 있었다.

글라이더가 실속하여 추락하는 것과 마찬가지로 비행기도 실

주익의 구조

속하면 추락한다. 물론 실속도 잘 제어할 수만 있다면 착륙하기가 좋다. 새는 내려올 때 그렇게 한다.

공중에서의 실속이 무섭다는 것은 실속하지 않고 적당한 속도로 날면 안전하다는 뜻이다.

비행기는 무엇보다도 공중에 떠 있어야 한다. 그렇게 하는 데는 필요한 크기의 떠올림 힘이 작용하지 않으면 안 된다. 떠올림 힘은 속도가 만드는 것이므로 속도가 없어지면 떠올림 힘이 없어져, 이른바 자유낙하가 시작된다. 이 자유낙하의 속도가 커지면 수평 방향의 떠올림 힘이 발생하므로, 이것을 이용하여 키를 잡고 떠올림 힘의 방향을 상향으로 하여 추락을 면할 수 있다. 이것은 결국 어떤 원인으로 실속한 비행기도 자유낙하를 이용하여 큰 속도를 만들 수 있으면 구제될 수 있다는 이야기다. 비행기가 왜 빠르냐 하는 문제에 대한 대답은 되지 못하겠지만, 비행기는 빨리 날아야 한다. 그렇게 설계된 것이다.

날개의 떠올림 힘은 날개 너비에 비례한다. 물론 그것은 속도가 클수록 크다. 따라서 날개가 작은 비행기일수록 빨리 날

42

지 않으면, 필요한 떠올림 힘을 만들 수 없다. 속력이 빠른 비행기는 기체 무게에 비교하여 작은 날개를 갖는다. 전투기를 보면 이것을 잘 알 수 있다.

이착륙 시에는 순항속도만큼 큰 속도를 낼 수 없다. 그래도 떠올림 힘은 필요하니 날개 너비를 넓히는 구조가 마련되어 있다.

17. 글라이더는 어떻게 날 수 있을까?

솔개에 유부라는 말이 있다. 이것은 솔개가 유부를 좋아한다는 뜻도 있겠지만, 높은 곳에서 훌쩍 내려와서 유부를 채가는 재빠른 동작을 감탄하는 이야기일 것이다. 솔개는 상공을 원을 그리면서 난다. 이때 날개를 움직이는 것도 아닌데, 아래로 떨어지는 기색도 없다. 솔개는 이때 글라이더로 되어 있는 것이다. 상승기류 속에 있으므로 떨어지기는커녕, 도리어 위로 떠오를 때도 있다. 상승기류 속에서는 지상의 냄새가 모두 상공까지 올라온다. 솔개는 예리한 눈을 갖고 있지만, 우선 코로 지상의 먹이 냄새를 맡고 눈으로 목표물을 찾아 급강하하는 것이다.

우리 조상이 하늘을 나는 꿈을 꾸었을 때 머리로 생각한 표본은 틀림없이 새였다. 아마 그것은 솔개 같은 활공을 잘하는 새였을 것이다. 그것이 아주 즐겁게 보였을 것이기 때문이다.

비행기, 아니 글라이더 발명에 착수한 사람은 많았다. 레오나르도 다빈치도 그중 한 사람이었지만, 장난감의 범위를 벗어난 글라이더의 역사를 더듬으면, 첫째로 꼽히는 사람이 독일의 오토 릴리엔탈이다. 그는 약 1871년부터 새와 연의 연구를 시작하였다. 최초의 글라이더는 단순한 새 형태의 것으로서 1877년쯤 만들어졌는데, 이것은 오히려 장난감에 가까웠다. 그는 일찍부터 새의 날개는 평면이 아닌 점에 주목했다.

릴리엔탈은 날개 연구를 완성하고, 이를 정리하여 「항공의 기초」를 저술한 후, 본격적인 제작에 착수하였다. 그리하여 1891년부터는 잇달아 새로운 글라이더를 만들어 비행시험을 하였다. 우선 바람이 잔잔한 날, 언덕에 올라 날개 살을 붙잡고 바람을 향해 언덕을 뛰어내렸다. 속도가 충분히 붙어 기대하는 떠올림힘이 생기자 공중에 떴다. 그러면 그는 날개 살에 매달렸다. 그리고 다리를 크게 흔들어 안정을 유지하면서 키를 잡았다. 이것은 대단한 숙련이 필요한 기술이다. 그리고 날면 날수록 재미있었다. 그의 비행 경험은 6년 동안에 2천 번을 넘었다. 비행거리가 250m를 넘었던 일도 몇 번 있었다.

1886년 8월 9일, 그는 여느 때와 같이 날아올랐는데, 돌풍으로 실속하여 고도 15m의 상공에서 추락하였다. 그리고 그다음 날 사망했다. 그 당시에는 날개를 상하 두 장으로 겹친 복엽식(複葉式) 글라이더였다.

릴리엔탈의 공적은 날개의 이론을 완성하고, 그에 근거하여 설계된 날개가 사람의 체중을 지탱하는 떠올림 힘을 만들 수 있는 것을 가르쳐준 데 있다. 글라이더는 비탈진 빗면을 내리듯이 대기를 활공한다. 이 미끄러져 내리는 거리만큼 바람으로 떠오르면 수평으로도 날 수 있다는 이치이다. 조건이 좋은 상승기류를 타면 고도를 높일 수도 있는 것이다.

18. 부메랑은 왜 되돌아올까?

오스트레일리아의 원주민은 활 모양으로 깎은 나뭇가지를 날려 새도 잡는다. 이 도구를 부메랑이라고 한다. 목표를 맞춘 부

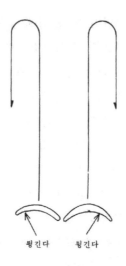

튕긴다   튕긴다

메랑은 던진 사람에게 스르르 되돌아온다. 참으로 기막힌 수렵 도구이다.

부메랑은 낡은 엽서를 활모양으로 잘라서 만들 수 있다. 이것을 손가락으로 튕긴다. 진짜 부메랑은 더 크고, 그 단면이 비행기 날개와 같이 위로 부풀어서 날개형으로 되어 있다. 그러므로 종이로 만든 부메랑과 진짜 부메랑은 나는 방식이 다르다.

부메랑은 공기를 끊는 관계로 비행기의 날개와 같은 성질인 위로 향하는 힘, 즉 떠올림 힘을 만든다. 떠올림 힘의 덕택으로 떠오르듯이 날아간다. 그리고 목표 지점에 가까워지면 한층 더 떠올라서 되돌아오는 코스를 잡는다. 회전 방향이 위에서 보아 오른쪽일 때에는 왼쪽으로 방향을 바꾸고, 왼쪽일 때에는 오른쪽으로 방향을 바꾸어서 되돌아오는 코스를 잡는다.

부메랑이 왜 되돌아올까? 우선, 그것은 날아갈 때의 상승으로 점점 속도를 잃는다. 그리하여 떠올라가서 기울어지며 휙 방향을 바꾸어 글라이더처럼 내려온다. 반환점에서 속도가 0에 가까워도, 각 속도(회전속도)는 있으니까 떠올림 힘은 없어지지 않는다. 그 때문에 떠올림 힘의 영향이 커진다. 더욱이 떠올림 힘의 작용점과 중심(重心)이 떨어져 있으므로 우력(偶力: 물체에 작용하는 크기가 같고 방향이 반대인 평행한 두 힘)이 나타나서 부메랑을 기울게 한다. 회전하는 팽이의 축을 손가락으로 건드리면 힘과 직각 방향으로 축이 쓰러지려고 한다. 그와 같은 현상이 여기에서 나타나므로 부메랑은 쓰러질 듯이 하여 돌아오는 코스를 잡는다. 여기에서 부메랑은 팽이의 성격을 나타내는 것이다.

부메랑의 발명은 우연한 기회에 이루어졌을 것이다. 그러나 돌이나 나뭇가지를 던지는 것에 비교하면 훨씬 재미있다. 이것은 윙 하는 소리를 내면서 덤벼들어 예리한 날개로 상대방에게 치명상을 입히고 스스로 돌아온다. 여기에는 여러 가지의 역학적 해명을 요구하는 점이 있었지만 그런 것은 발명자의 의식 밖의 일이다.

19. 콩코드는 왜 문제가 되었을까?

콩코드는 초음속여객기이다. 이것은 영국과 프랑스 양국이 공동개발하였고 이미 취항하고 있다. 초음속여객기를 SST라고 하는데 미국과 소련도 착수하였다. 그러나 미국의 경우는 국비 10억 달러를 투입했다가 1971년 계획을 중지하였다. 요컨대 SST는 평이 좋지 않다. 소련의 SST Tu-144는 선전비행 때 추락하여 망신을 당했다. 그러나 SST의 평이 나쁜 것은 안전성에 관해서가 아니고 공해 때문이다.

콩코드와 일반 여객기를 비교하여 보면 모양이 매우 다르다. 기수로 말하면 일반 여객기는 둥근데 콩코드는 뾰족하다. 유선형은 비행기나 경주용 자동차 등 속력이 빠른 교통수단에 상당히 채택되어 있다. 대체로 말하면 유선형의 특징은 선단이 둥글고 뒤로 갈수록 가늘게 되어 있다. 점보 여객기에도 고속 전동차에도 이런 형태의 경향이 보인다.

그러나 콩코드를 보면, 기수가 새의 주둥이 모양으로 뾰족하다. 전투기도 그렇게 되어 있다. 초음속이란 음속보다 빠른 속도를 말하는 것인데, 유선형이 저항이 작은 형태라고 하는 것은 음속보다 느릴 경우이다. 음속보다 빠른 경우에는 선단이 뾰족하지 않으면 안 된다. 만약 이것이 둥글면 거기에 부딪히는 공기의 저항이 대단히 클 뿐 아니라 여기에서 충격파가 생긴다. 콩코드의 기수가 뾰족한 것은 초음속이기 때문이다. Tu-144도 그 형태는 거의 같다. 이착륙 때만 기수를 내리는 점도 같다. 이것은 지상의 물체나 활주로를 보기 쉽게 하기 위한 것이다.

콩코드의 평이 나쁘고, 미국의 SST 개발이 중지된 이유는 배기가스와 소음 때문이다. 1975년 미국이 콩코드가 미국 내에 취항하는 것을 거부한 것은 큰 소음과 공해가 예측되었기 때문이다.

배기가스는 질소산화물이 문제가 되고 있다. SST는 고도 15~17km의 상공을 나는데 이 근처에 오존층이 있다. 오존은 일광의 자외선을 흡수함으로써 이 발암성이 있는 광선이 지상에 도달하는 것을 방지하고 있다. 그런데 질소산화물은 이 오존을 분해한다. 그리하여 강렬한 자외선이 인체에 닿으면 피부

암이 많이 생길 것이 예상된다. 또 하나, SST는 매시 5t의 물을 발생한다. 이것은 구름이 될 것이지만, 장소가 성층권이므로 비가 되어 떨어지는 일이 없다. SST 500대가 상시 취항하면 구름의 양이 40% 증가한다는 설이 있다. 이로 말미암아 예상되는 이상기상은 예사로운 일이 아닐 것이다.

20. 헬리콥터는 어떻게 공중에 정지할 수 있을까?

헬리콥터는 의외로 복잡한 기계이다. 그 증거라고 할 수는 없지만, 이 발명에는 매우 많은 사람이 참여하였다. 그것도 단계적으로, 산발적으로 말이다. 헬리콥터의 발명자가 누구냐고 하면 곧잘 시코르스키라는 이름을 드는데, 그는 총 마무리를 한 사람이다. 시코르스키에 이르기까지의 진보의 자취를 더듬는 것은 그 원리를 더듬는 것과도 같다.

헬리콥터라고 하면, 큰 로터(회전날개)가 특징인데 이것을 지지하는 회전축의 부분을 「합」이라고 한다. 로터는 합의 관절로 연결되어 있는데, 이 구조를 발명한 사람은 레나드이며 1904년의 일이다. 오늘날의 헬리콥터 역사는 여기에서 시작되었다고 보아도 무방하다.

헬리콥터는 로터의 회전에 의해 전진할 수도 있고, 머물러 있을 수도 있다. 그것은 하나의 수수께끼같이 보이나 여기에는 교묘한 방법이 채택되어 있다. 1906년 이탈리아의 크로코가 창안한 「주기적 피치 제어법」이라는 것이다.

로터는 4장의 날개로 되어 있다. 그 각각에 떠올림 힘을 발생시켜 기체를 뜨게 하는데, 가령 4장이 같은 피치로 되어 있으면 기체는 공중에 머물러 있을 뿐이며 전진은 못 하게 된다.

이 경우, 피치란 날개의 비틀림을 말하는 것이다. 그러므로 피치 제어라는 조작은 날개의 비틀림을 목적에 맞게 바꾸는 것을 뜻한다.

헬리콥터가 전진할 때 어느 하나의 날개를 주목하면, 이것이 진행 방향에 움직인 후 그와 반대 방향으로 움직이고, 다시 진행 방향으로 움직이는 동작을 반복한다. 반대 방향으로 움직일 때는 날개가 크게 비틀어지게 하면, 거기에 작용하는 떠올림 힘은 기체를 전진토록 작용할 것이다. 그렇게 하기 위해서는 로터의 회전에 맞추어 주기적으로 위치를 바꿀 필요가 있다. 크로코는 이 방법을 발명한 것이다. 덕분에 헬리콥터는 전진할 수도 있고, 수직으로 상하 동작을 할 수 있게 되었다.

헬리콥터의 그 큰 날개를 회전시키는 힘을 합의 회전축으로부터 준다는 것은 쉬운 일이 아니다. 그러므로 날개 끝에 연소실을 두고, 거기에 압축공기와 가솔린과의 혼합기체를 보내 연소시킨다. 연소 가스를 분출하여 그 반작용으로 로터를 회전시킨다.

2차 세계대전 중에는 날개 끝에 제트 추진 장치나 로켓 추진 장치를 장비한 것이 나타났다. 그 후 프랑스에서는 날개 끝에 압축공기를 보내 그것을 분출시키는 방식이 개발되었다.

21. 터보 제트란 무엇일까?

인간은 교통수단의 발명에 성공하면, 다음에는 꼭 그 속력을 증가시키는 연구에 착수한다. 그 한 예는 고속전동차의 경우이다. 어느 구역을 3시간에 주파하는 데 성공하자 다시 1시간으로 단축하는 계획을 세웠다. 자기부상식(磁氣浮上式)의 초고속전동차가 이것이다. 이것은 탁상공론에 그치는 것이 아니고, 아차 하는 사이에 실험 단계에 들어섰다. 머리말에서 「과학기술이 자기운동」이라는 개념을 말한 바 있지만, 초고속전동차의 개발 이야말로 그런 예다. 이런 것이 있었으면 하는 것은 담당 기술자만의 관심일지도 모른다.

비행기도 예외는 아니다. 프로펠러기가 속력의 한계에 도달했다는 것을 알게 된 순간, 더 빠른 비프로펠러 비행기 개발의 움직임이 싹트기 시작하였다.

비행기는 중요한 병기 가운데 하나이다. 조금이라도 속력이 앞서는 것은 전쟁의 승리와 결부된다. 2차 세계대전 중에, 프로펠러 비행기를 능가하는 비행기로서 제트기의 발명에 큰 기대를 건 사람들이 있었음은 당연하다.

어떤 발명도 하루아침에 이루어지는 것은 아니다. 제트엔진의 개발은 2차 대전이 일어날 것을 꿈에도 생각하지 않았던 1920년대에 이미 시작되었다. 주로 영국에서였다.

제트기 발명을 생각하게 된 영국공군의 연습생 휘틀은 1928년 로켓 추진을 위한 가스터빈에 관하여 논문을 썼다. 실은 가스터빈의 발명은 이미 그리피스에 의하여 완성되어 있었다. 그러나 그것은 로켓을 추진하기 위한 것이 아니고, 또 제트추진을 위한 것도 아닌 프로펠러 비행기를 위한 것이었다. 그것이 휘틀에 의하여 로켓 추진에 이용됐다.

자동차 엔진에는 피스톤식의 리시프로 엔진 외에 로터리 엔진이 있다. 로터리 엔진과 가스터빈은 원리는 다르지만 회전한다는 점에서는 같다. 가스터빈은 연료와 공기의 혼합가스를 연소시켜 그 분사 에너지로 터빈을 돌린다.

제트기는 전방으로 뻗은 파이프로 공기를 빨아들여 연료와 혼합하여, 이것을 가스터빈에서 압축한다. 이 혼합가스를 연소실로 보내어 점화하여 대량의 연소 가스를 만든다. 이 연소 가스를 후방으로 분출하여 추진력을 만드는 것이다. 터빈이 사용되므로 이 방식을 「터보 제트」라고 한다.

2차 대전 중, 영국이 휘틀의 제트전투기가 완성되어 싸움터에 나가자 독일은 하인케르의 제트전투기를 내보냈다. 이것이 전쟁의 일반적인 일로 1939년의 일이었다.

22. 500만 원으로 우주여행을 할 수 있을까?

「○달러로 갈 수 있는 우주여행」이라는 기사가 신문에 난 일이 있다. 그 개요를 참고삼아 소개하겠다.

이것은 매우 비현실적인 꿈처럼 들린다. 그러나 미국에서는 우주여행 비용에 관한 문의가 항공우주국에 쇄도한다고 한다. 이렇게 된 것은 우주연락선 엔터프라이즈호가 시험비행을 본격화했기 때문이다.

그런데 그 비용은 당국 발표에 따르면 1만 달러에서 2천100만 달러까지 다양하다고 한다. 우리 돈으로 환산하면 500만 원에서 105억 원이라는 계산이 되는 셈이다.

이 큰 가격 차이에 대한 설명도 나와 있다. 짐을 갖고 간다고 하면 그 크기나 무게에 따라 달라질 것이고, 또 예약이냐 아니냐에 따라서도 달라진다는 것이다. 항공우주국의 우주수송 시스템 부장의 말이니까 무책임한 말은 아니다.

자세히 알아본즉 1만 달러라는 요금은 화물운임이며, 화물실에 빈 곳이 있을 때 그곳에 타고 가는 경우의 요금이다. 또 105억

원은 외국 정부가 우주연락선을 빌리는 경우의 요금이라 한다.

우주연락선 시스템을 스페이스 셔틀이라고 한다. 스페이스는 공간을, 셔틀은 북을 뜻한다. 북은 직물을 짜는 기구로써, 위아래로 갈려 있는 날실 사이를 왕복하면서 씨실을 짜 넣는 기구이다. 스페이스 셔틀은 우주 공간을 마치 북처럼 왕복하는 시스템이다.

우주 공간을 왕복한다는 것은 지상과 우주정거장 사이를 왕복하는 일이다. 지금까지의 유인우주선은 대기에 돌입하면 타버리고, 승무원을 수용한 캡슐만 떨어져 낙하산에 매달려 지상으로 낙하한다. 스페이스 셔틀이 우주연락선은 글라이더처럼 사뿐히 대기 중을 활공하여 공항에 착륙한다.

우주연락선의 정원은 조종사, 부조종사, 비행 기사를 포함하여 7명이다. 손님은 4명인데, 특수한 훈련 없이 승선할 수 있다.

스페이스 셔틀 계획에 의하면 본격적인 운항을 시작하는 것은 1980년이다. 1984년에는 연간 비행 횟수를 60회로 예정하고 있다. 이 계산대로 가면, 1년에 240명이나 되는 일반 시민이 우주정거장까지의 여행을 즐길 수 있게 되는 셈이다.

우주정거장에서 달까지 연장 여행을 한다면 요금은 더 인상될 것이다.

III. 대기권 밖의 과학

—그곳에 무엇이 있을까?

23. 대기권 밖에는 무엇이 있을까?

대기권을 벗어나서 그곳에 무엇이 있느냐고 물으면, 진공이라고 대답하는 것이 상식일 것이다. 정말 진공뿐일까 하고 다시 물으면, 달과 해가 있다고 할 것이다. 인공위성도 있다고 답하며 다시 물으면, 여러 가지 천체가 있다고 대답할 것이다.

이것을 종합하면 대기권 밖에는 진공의 끝없는 우주 공간이 펼쳐져 있고, 군데군데에 인공물체를 포함한 천체가 있다.

'정말 그것으로 충분할까?'라고 물으면 확신을 가지지 못하는 사람이 있을 것이나, 이것이 실은 옳은 태도이다. 그리고 진공, 진공상태에 있지만, 진공이란 무엇을 말하는가? 아무 물체도 없다는 뜻이냐고 묻는다면 어떻게 대답해야 좋을까? 진공이란 과연 아무것도 없는 공간을 말하는 것일까?

대기권 밖에 있는 것이 진공과 그 속에 널려 있는 천체라고 하면, 진공은 천체 사이의 공간을 말하는 것이 된다. 만약 그곳에 아무것도 존재하지 않는 것이 아니고 무엇인가가 있다고 한다면, 그것을 「천체 간 물질」이라고 불러도 무방할 것이다. 그러나 천문학자는 그것을 「천체 간 물질」이라 하지 않고 「성간물질(星間物質)」이라고 부른다. 대기를 벗어난 바깥 공간에 있는 것은 천체와 성간물질인 셈이다. 이렇게 되면 진공이라는 말을 쓰지 않게 되니까, 진공이 무엇이냐 하는 난문을 회피할 수 있을 것이다. 그러나 이것으로 문제가 해결되었다고는 할 수 없다. 성간물질이라는 말은 있어도 그 내용이 규명되지 않았기 때문이다.

성간물질이란 무엇일까? 진공과는 달리 실제가 있는 것일까? 성간물질은 주로 수소이다. 그 밀도는 1㎤ 당 수소분자가 1~2

개밖에 없다. 수소 이외의 것으로는 미세한 먼지이다. 이 먼지는 $100 m^3$ 중에 겨우 하나꼴로 존재한다.

실은 성간물질은 별의 고향이며, 별은 성간물질에서 생겨나 성간물질로 되돌아간다. 성간물질이 한 곳으로 응집되면 별 모양이 되지만, 별이 폭발하여 그 일생을 마치면 흩어져서 성간물질이 된다. 불교에 윤회(輪廻)라는 개념이 있는데, 여기에 문자 그대로 윤회가 있다.

성간물질은 보잘것없이 희박한 것이지만 은하계 전체의 것을 모으면 태양을 100억 개나 만들 수 있다. 여기에서도 천문학적 숫자가 있을 것이다.

24. 인공위성의 궤도는 무엇으로 정해질까?

케이프 케네디에서 한발의 로켓을 쏘아 올린 순간 지구가 수축하여 하나의 점이 되어버렸다고 하자. 그런 맹랑한 일이 있다니, 그런 가정은 엉터리라고 할 사람도 있을 것이다. 그러나 필자는 진심으로 하는 말이다. 이것은 대물리학자 뉴턴의 지혜를 흉내 낸 일에 불과하다.

뉴턴은 만유인력의 법칙을 발견하였다. 그 법칙을 그는 천체의 운행에서 끌어냈다. 이 법칙에서는 태양도 지구도 달도 모든 천체는 기하학적 「점」으로 간주한다. 천체가 「점체(點體)」로 바뀐 셈이다.

점체의 점은 그 점체 중심(重心)에 놓인다. 뉴턴은 천체의 대표 위치를 중심에 놓음으로써, 천체의 운행을 해석한 셈이다. 엄밀하게 말하면 중심 대신 「질량의 중심(中心)」이라고 해야 할 것인데, 여기서는 「중심(重心)」으로 해 두자.

56

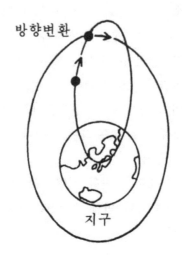

방향변환

지구

이렇게 설명하면 '지구가 작아진다'는 이야기는 결코 엉뚱한 가정이 아님을 알 수 있다. 또한 로켓도 작아진다고 해도 무방하다. 천체의 하나로 포함되는 것이니까.

이렇게 되면 쏘아 올린 로켓은 지구라는 이름의 「점체」 둘레를 돌기 시작하리라는 것을 알게 된다. 그 궤도는 그림에서 보는 바와 같이, 매우 찌그러져 혜성의 궤도를 연상케 한다. 수직에 가까운 방향으로 쏘아 올리면 당연한 결과로서 궤도는 찌그러진다.

로켓은 지구의 중심(重心)에서 멀어졌다가 다시 지구 중심으로 접근하는 운동을 시작한다. 그 찰나 지구가 팽창하여 원래의 크기로 된다고 하자. 그러면 로켓은 지면에 충돌한다.

이 현상은 로켓에서 일반적으로 볼 수 있는 일이다. 그것은 즉, 어떤 방향으로 쏘아 올린 로켓도 그대로 두면 반드시 지상으로 낙하하여 파괴된다는 것이다.

　물론 지구로 되돌아오지 않을 만큼의 초속도, 즉 초속 11.2 km 이상을 주면 이야기는 달라지지만, 로켓은 지구가 「점체」이면 어디를 향하여, 어떤 속도로 발사하여도 인공위성이 된다. 지구가 「점체」가 아니면 발사 후 방향을 바꾸지 않는 한 반드시 지상에 떨어진다. 이 방향 변환에 따라 인공위성이 돌아가는 궤도가 정해지는 것이다.

25. 정지위성은 정말 서 있는 것일까?

　인공위성이 서 있는 이유를 모르겠다는 사람도 있을 테니 그것부터 설명하겠다. 인공위성도 「점체」, 지구도 「점체」라고 생각하면 이해하기 쉽다. 이것은 뉴턴의 이론이므로 우리도 천체의 운행을 생각할 때에는 이렇게 생각하는 것이 현명하겠다.

　지금 여기에 지구와 정지위성의 두 개의 「점체」가 있고, 이 두 점이 우주 공간에 정지하여 있다면, 이것이 정지위성의 당연한 자세일까?

　생각해보면 이것은 좀 이상하다. 두 천체가 있고 이것이 어느 쪽도 움직이지 않는다는 것은 구체적 예를 들어 달이 지구 주위의 운행을 멈춘 것과 같다. 공전을 멈춘 달은 지상으로 떨어지지 않을 수 없으므로, 정지위성도 지구 주위를 공전하고 있을 것이 분명하다.

　천체를 「점체」로 볼 때 자전은 생각지 않는다. 지구를 점에서 팽창시켜 자전을 생각해보자. 하늘에 인공위성이 떠 있고, 지구 주위를 공전하고, 그 공전 속도가 지구의 자전 속도와 일치한다면, 인공위성은 정지한 것처럼 보일 것이다. 정지위성이란 단지 그런 것에 불과하며 별 조화를 부린 것이 아니다. 복잡한 이론은 제쳐놓고, 지구 밖의 어떤 한 점에서 지구와 정지 위성을 동시에 볼 수 있다고 하면 일은 간단해진다. 정지위성 이라는 인공위성도, 다른 인공위성과 마찬가지로 지구 둘레를 돌고 있는 것이 보일 것이다.

정지위성은 조용하고 평화로운 인상을 준다. 그러나 실제로 는 그렇지 않다. 참으로 엉뚱하다. 상공의 한 점에서 지구에 대 해 정지하고 있다는 것은 정점(定點: 장소, 위치 따위를 정해 놓은 일정한 점)을 주는 것이다. 정점은 관측상의 용어이다. 정 지위성을 정점으로 하여, 자신의 지구상 위치, 즉 동경 몇 도 몇 분 몇 초, 북위 몇 도 몇 분 몇 초라는 것이 계산에 의하여 구해진다.

그런 것을 어디서 필요로 하느냐고 묻는 것은 쑥스러운 일이 다. 미사일을 실은 원자력 잠수함이 그렇다. 이 무시무시한 괴 물을 미국과 소련이 합쳐서 수백 척은 갖고 있을 것이다. 그것 이 상시 칠대양 밑에 숨어 있다. 사람을 습격하는 악어가 아마 존강 속에 숨어 있는 것과 흡사하리라. 악어도 자기 위치를 알 고 있겠지만 잠수함도 알고 있다. 정지위성이 정확한 위치를 알려주기 때문이다.

여차하면 뉴욕에도 모스크바에서 미사일이 즉시 발사될 것이 다. 정지위성은 텔레비전이나 전화의 우주 중계 기지로 이용되 고 있다. 그러나 이것은 아무래도 덤인 것 같다.

26. 성층권이란 무엇일까?

옆구리에 아궁이가 달린 목욕통이 있다. 아궁이 대신 뜨거운 물이 나오는 구멍이 있다고 해도 좋다. 이 같은 목욕통에서는 밑 부분이 금방 더워지지 않으므로, 통에 들어가기 전에 물을 잘 섞지 않고 들어갔다가는 겨울 같을 때 덜덜 떨게 된다.

이런 구조의 목욕통 속에서 수온의 분포가 어떻게 되어 있는지는 쉽게 상상할 수 있다. 통 밑의 온도는 낮고 표면 쪽의 온도가 높다. 밑에서 어떤 높이, 즉 열이 공급되는 위치에 해당하는 높이가 하나의 경계면이 되어 있다. 이 경계면 위에 있는 물은 열의 공급을 받아 더워져서 가벼워지므로 저절로 상승한다. 그러므로 표면 온도가 어디보다도 높아진다.

뚜껑을 완전히 덮어도 표면에서의 열의 발산이 0이 되는 일은 거의 없다. 따라서 물, 즉 더운물이 열을 빼앗겨 무거워져 하강하는 일이 없다고는 말할 수 없다. 이 물은 앞서 말한 경계면까지 내려가지만, 그보다 더 아래로는 내려가지 않는다. 그 까닭은 그보다 아래에 있는 물은 열의 공급을 거의 받지 않고 저온인 채 무겁게 가라앉아 있기 때문이다.

이로써 경계면의 위와 아래에서는 사정이 다르다는 것을 알 수 있다. 위에서는 대류가 생기고 아래에서는 대류가 없는 것이다. 위의 더운물은 뒤섞이고 아래의 더운물은 뒤섞이지 않는다는 말이기도 하다. 대류가 있는 부분을 대류권이라고 한다면, 대류가 없는 부분을 성층권이라고 불러도 무방할 것이다. 성층권이라는 것은 좀 과장이지만, 가장 찬물이 제일 밑에 있고 다음으로 찬물이 그 위에…. 이런 식으로 층이 있다. 그렇다면 성층권이라 해도 이상할 것이 없다.

우리가 성층권이라고 할 때는 대기의 부분을 가리킨다. 대기 중에 대류가 있는 것을 우리는 알고 있으나, 그 대류는 대기의 끝까지 미치는 것은 아니다. 대류라는 운동은 공기가 가진 에너지에 의해 생기는 것이며 이 에너지가 없는 곳에서는 대기의 상승이 멎는다. 그리고 그곳이 대류권의 상한이 된다. 그 위에 성층권이 있다.

목욕통의 예에서 상상할 수 있는 일이지만 성층권과 대류권이 분명하게 구별된다고는 생각할 수 없다. 거기에는 얼마간 분명하지 않은 층이 있을 것이다. 대기의 경우 이것을 아성층권(대류권의 맨 윗부분)이라고 한다.

공기는 수증기를 함유하고 있다. 수증기가 물이 되면 1g당 80cal의 기화열을 방출한다. 그러므로 습윤 대기는 수증기의 형태로 에너지를 갖는다. 그것은 수증기를 물로 바꾸어 구름을 만들면서 열에너지를 발생시키고, 그리하여 가벼워지면서 상승을 계속한다. 그리고 수증기가 다했을 때 에너지도 다하여 상승이 끝난다. 그 위의 대기는 성층권이 된다. 성층권 중에 오존층이 있는데, 이것이 태양 빛 중 살인적인 자외선을 흡수한다.

27. 우주 끝에 무엇이 있을까?

헤르클레스 자리의 성운단. 대략 5억 광년의 거리에 있고
매초 1만㎞의 속도로 멀어진다

물고기자리 성운단. 팔로마산 꼭대기에 있는 구경 5m의
헤일 망원경으로 촬영할 수 있는 한계

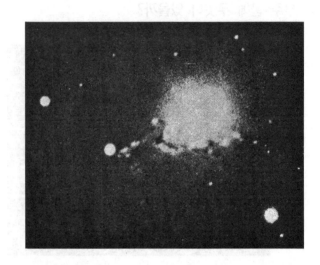

세이퍼트 성운. 강렬한 전파와 적외선을 복사하여 중심부가 활
동적인 특이한 성운

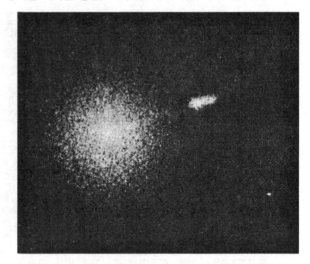

퀘서 3C273. 우주의 끝에 있는 막대한 빛과 전파, X선, 적외
선 에너지를 복사하는 특이한 천체

28. 지구중심설은 어떻게 부정되었을까?

어린이는 '자기중심적'이라고 흔히 말한다. 세계가 자기를 중심으로 하여 움직인다고 생각한다는 뜻이다. 어린이들이 자기 멋대로 행동하는 원인은 여기에 있다. 자기중심은 세계를 잘 모르는 데서 오는 상태로 미숙한 인간에게 흔히 있는 일이다. 태양, 아니 우주가 지구를 중심으로 돈다고 하는 생각은 과학 이전의 미숙한 상태에서 오는 자기중심주의로 보아도 무방할 것이다. 아무 근거도 없이 우주의 중심은 지구라는 제멋대로의 가설을 만들고 당당히 주장하는 학자가 고대 그리스에 있었다. 실은 어느 시대에도 신흥 종교들이 이 같은 비논리적인 설을 우겨댄 것을 보면 옛사람만을 비웃을 수도 없다.

이 지구중심설이 흡사 이치에 맞기라도 한 것처럼 만든 사람은 기원전 4세기의 에우독소스이다. 그는 지구를 중심으로 하는 27개의 동심천구(同心天球)를 생각해내어 태양, 달, 행성, 항성 모두를 어느 천체에 소속시켜 천체의 복잡한 운행을 설명하였다. 여기에서 현인 아리스토텔레스는 진리를 보았다. 그리하여 그는

> 「구(球)는 우주 본질로서의 자격을 갖춘 형태이므로 우주의 형태는 구이다. 동에서 서로의 회전은 서에서 동으로의 회전보다 아름답다」

라고 하였다. 이 아리스토텔레스의 철학적 가설을 로마 교회가 채택한 데서 많은 불행이 생긴 것은 사람들이 잘 알고 있는 일이다.

옛날부터 있던 점성술의 재료는 금성과 수성이었다. 그 관측 데이터를 근거로 하여 이들이 태양 둘레를 도는 것이 아닌가 하는 설이 나타난 것도 기원전 4세기이다. 그로부터 1세기 후

아리스타르코스는 지구에 비하여 엄청나게 큰 태양이 지구의 둘레를 공전한다는 것이 불합리하다고 주장하였다. 또한 세계를 비추는 광명인 태양은 우주 중심에 있어야 할 것이라 하며, 많은 관측데이터를 분석하여 태양중심설에 이론적 근거를 준 것은 폴란드의 학자인 수도사 코페르니쿠스이며, 이에 이르기까지에는 1,800년쯤의 세월이 걸렸다.

당시 세계 제일의 천문학자로 꼽힌 이는 덴마크의 티코 브라헤였다. 그에 따르면 우주의 중심은 지구이고, 달은 그 주위를 공전하며, 태양은 그 바깥을 공전한다. 그리고 수성, 금성, 화성, 목성, 토성은 태양의 주위를 공전한다. 이것은 그야말로 지구중심설이다.

1601년, 티코 브라헤가 죽은 후 그 기록을 입수한 독일인 요하네스 케플러는 화성의 자료를 분석하였다. 그는 화성의 대접근이 2년 2개월마다 있다는 것을 발견하고, 이것은 태양의 둘레를 지구가 돌고, 그 바깥을 화성이 돈다고 보면 설명된다는 것을 알았다. 또한 태양, 지구, 화성이 일직선상에 오는 날을 조사하여 화성의 궤도는 타원이라고 추론하였다. 마침내 그는 태양계의 구조와 행성의 운동에 관해 3법칙을 발견하고, 아리스토텔레스와 티코 브라헤나 로마 교회의 지구중심설을 부정했다.

29. 명왕성은 어떻게 발견되었을까?

태양계의 행성으로서 예로부터 알려진 것은 화성, 수성, 목성, 금성, 토성과 지구를 합한 6개이다. 이들의 운동은 뉴턴의 역학으로 완전히 증명된다.

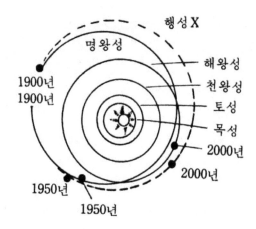

망원경의 성능이 좋으면 멀리까지 볼 수 있다. 영국의 윌리엄 허셜이 직접 만든 구경 15㎝의 반사망원경으로 토성 바깥의 천왕성을 발견한 것은 1831년이었다. 이 또한 뉴턴 역학의 계산에 들어맞는 운동을 할 것이다. 그런데 산출한 위치와 관측한 위치는 오차가 점점 커졌다. 뉴턴 역학에 잘못이 없다면 이 차이는 미지의 천체의 중력에 기인하는 것으로 생각해야 할 것이다. 프랑스의 위르방 르베리에는 가상의 천체를 천왕성 바깥에 있다고 생각하고 그 위치를 뉴턴 역학으로 계산하였다. 그러자 정확히 그 위치에 하나의 행성이 발견되었다. 발견자는 베를린 천문대의 갈레로 해왕성이 그것이다.

이 해왕성의 운동 또한 이상했다. 역시 미지의 천체 중력이, 이를 방해하고 있는 듯하였다. 해왕성의 예를 따라 이것을 발견하겠다고 생각한 사람은 미국의 실업가 퍼시벌 로웰이다. 그는 자신의 재산으로 애리조나 사막에 천문대를 만들었다. 유명한 로웰 천문대가 이것이다.

66

그는 화성 관측에도 열정을 쏟았다. 극관(極冠: 화성의 두 극 부근에서 볼 수 있는 희고 빛나는 부분)을 발견하고, 운하라고 생각되는 선을 발견하고, 운하가 있다면 지능이 높은 동물이 있을 것이라는 견해를 발표하였다. 그가 그린 화성인은 유명하다.

한편 그는 해왕성 관측을 계속하여 그 위치가 지금까지 알려진 행성의 인력으로서는 설명할 수 없는 오차가 있음을 발견하였다. 그리하여 해왕성의 바깥에 또 하나의 행성이 있을 것으로 생각하였다. 로웰은 이 미지의 천체를 행성인이라고 이름 짓고, 그 궤도와 위치를 뉴턴 역학으로 구하였다. 1915년의 일이다.

다음 해 그가 사망하자 클라이드 톰보가 그 연구를 계승하였다. 그는 로웰이 계산한 위치에 새로운 행성이 없나 하고 매일 밤 열심히 하늘을 관측하였다. 그가 새로운 행성을 발견한 것은 로웰이 죽은 후 14년이 지난 1930년이다. 그는 새로운 행성을 플루토라고 명명하였다. 퍼시벌 로웰의 머리글자는 P, L이다. 여기에 톰보(Tombaugh)의 To를 붙여서 Pluto라고 한 것이다. 이리하여 두 사람의 이름이 영원히 남게 된 셈이다. 명왕성이라는 이름을 붙인 사람은 일본의 노지리 호에이(野尻抱影)이다.*

30. 우주가 팽창하고 있는 것을 어떻게 알았을까?

우리가 아무리 하늘을 바라보아도 우주가 확대하고 있는지를 확인할 수는 없다. 행성은 밤하늘을 떠다니고, 태양과 달은 동

*2006년 국제천문연맹(IAU)의 행성분류법에 따라 행성의 지위를 잃고 왜소행성(dwarf planet)으로 분류되었다. 공식명칭은 '134340 플루토'

에서 서로 저마다의 길을 운행한다. 이것은 은하계 우주의 한 구석인 태양계에서의 일이며, 대우주의 운동을 반영하는 것은 아니다. 팽창하는 우주라고 하지만, 이것은 은하계 우주와 같은 소우주, 섬(島)우주의 팽창을 말하는 것이 아니고, 소우주군을 총합한 대우주의 팽창을 말하는 것이다.

결국 그것은 하나의 소우주와 그 이웃의 소우주와의 거리가 증대하는 것을 뜻한다. 그러므로 이 문제에서 우리는 은하계 밖의 소우주에 착안하지 않으면 안 된다. 즉 성운에 눈을 돌려야 하는 것이 된다. 성운이 서로 멀어지고 있다는 사실에 기초하여 우주가 팽창한다는 것이다.

성운이 서로 멀어지고 있다면 은하계에 있는 우리로부터 모든 성운이 멀어지고 있을 것이다. 그러나 이 현상을 어떻게 알 수 있을까? 망원경으로 볼 수 있을까?

1842년, 오스트리아의 요한 도플러는 음파의 파장이 관측자에게 가까워지는지 멀어지는지에 따라 다른 것을 발견하였다. 이른바 '도플러 효과'가 이것이다. 기차를 타고 엇갈리는 기차의 기적에 귀를 기울이면, 그 소리의 높이는 엇갈리는 순간에 갑자기 낮아진다. 음파의 파장이 길어진 것이다. 정지하고 있는 기차의 기적소리의 높이에 비해, 가까워질 때의 소리는 높고 멀어질 때의 소리는 낮다. 이 도플러 효과는 소리뿐 아니라 빛에서도 볼 수 있다.

성운의 스펙트럼을 열심히 조사하고 있던 미국의 에드윈 허블은 1929년 어느 날, 이상한 사실을 발견하였다. 성운의 스펙트럼에 보이는 칼슘의 흡수선 파장이 실험실에서 얻어진 같은 흡수선의 파장에 비해 긴 것이다. 고체나 액체가 내는 빛의 스펙트럼은 연속 스펙트럼이라고 하여 끊어지지 않는다. 이 빛이 칼슘이 있는 대기를 통과하면 특정한 빛의 흡수되어, 스펙트럼에 검은 선의 띠가 생긴다. 이것이 칼슘의 흡수선이다. 그 파장이 길어져서 적색 방향으로 밀린다. 이것을 '적색편이'라고 한다.

성운의 스펙트럼에 적색편이가 있는 것은 성운이 우리에게서 멀어지고 있다는 사실을 나타낸다. 계산해 보면 그 멀어지는 속도는 성운까지의 거리에 비례한다. 먼 성운일수록 큰 속도로 멀어지고 있다.

수십억 광년 멀리에서 성운의 후퇴 속도는 광속과 같아진다. 그러면 그것이 우주의 끝이 된다. 광속보다 큰 속도를 갖는다는 것은 어떤 물체에 있어서나 불가능하기 때문이다.

31. 우주는 어떻게 탄생하였을까?

우주에는 천체가 있다. 은하계 우주에 관해서 말하면, 그것은 렌즈 모양으로 되어 있고 태양계 같은 행성을 이곳저곳에 갖고 있다. 우주에는 '구조'가 있다고 하여도 좋다. 구조물로서 항성, 행성, 위성, 혜성이 있다. 이 같은 구조가 처음부터 있었던가, 그렇지 않으면 처음에는 없었던 것인가 하는 문제가 먼저 제기되어야 할 것이다.

우주에 처음부터 구조가 있었다고 생각하는 것은 마치 지구에 처음부터 인류가 있었다고 생각하는 것과 일맥상통하지 않을까? 천체도 하나의 구조물이고 생물도 하나의 구조물인데, 구조물이 처음부터 있었다는 가정은 신비적인 해석이지, 과학적이라 할 수는 없다.

무(無)에서 유(有)가 생긴다는 말이 있다. 물질도 에너지도 없

방패자리 NGC6611

는 곳에서 물질이나 에너지가 생긴다는 것을 과학은 용인하지 않는다. 그러나 물질이나 에너지가 있고 구조가 없는 곳에서 구조가 생긴다는 것은 과학이 용인할 수도 있다. 구조는 무(無) 구조에서 생긴다는 논제를 자연 발전의 논리로 삼는다면 어찌 될까? 우주의 현재 구조는 천체와 같은 구조물이 하나도 없는, 소위 카오스(혼돈) 속에서 생겼다고 생각해야 한다.

이 논리로 가면 구조가 생기기 전의 우주에는 물질과 에너지 와의 카오스가 있었다는 것을 가정하지 않을 수 없다. 물질과 에너지는 서로 전환될 수 있는 대등한 것이므로 양자를 함께 묶을 수 있는 것이다. 현재의 우주에 물질과 에너지가 있다면 그것은 구조가 생기기 전에도 있었어야 할 것이다. 그 물질과 에너지가 구조화되어 태양이 되고, 지구가 되고, 또한 인류가 된 것이다. 카오스의 우주를 '우주운(宇宙雲)'이라 한다. 우주운 의 정체는 무수한 먼지가 떠 있는 수소가스이다.

우주운이 구조화되기까지의 과정에는 단계가 있고 시간이 걸린다. 우리의 은하계 우주와 같은 구조가 생기기 전 단계의 우주는 방패자리의 NGC 성운에서 볼 수 있다.

우주운은 회전하고 있으므로 밀도 분포에 난조(亂調)가 생긴다. 밀도가 큰 부분은 만유인력에 의하여 응집되기 시작한다. 크고 작은 이 같은 응집체는 각각 중력에 의하여 수축하고, 마침내 원자핵 반응을 일으켜 열을 발생하여 온도가 높아져 항성이 된다. 우주운은 원래 암흑이지만, 일부에 생긴 항성의 빛에 비쳐서 사진처럼 구름 같은 모양을 나타낸다. 중앙의 암흑 부분은 응집이 생겨 별가스가 그 중심에 흡수되어 반사 물질이 없는 부분이다.

32. 검은 구멍이란 무엇일까?

우주 이야기가 나오면 검은 구멍이 곧잘 화제가 된다. 구멍은 어쨌든 간에 '검은'이라는 말에 관해 좀 설명해야겠다. 검은 물체라고 하면 빛을 반사하지 않고 흡수하는 특징을 지닌 물체를 말하는 것인데, 물리학에서는 '흑체'라고 한다. 검은 구멍의 '검은'은 모든 것을 흡수한다는 뜻에서 붙인 말이다. 그러므로 검은 구멍이란 만물을 빨아들이는 구멍을 말한다.

캄캄한 밤길을 걸어갈 때 우리는 손전등을 비춘다. 그러면 길도 장해물도 그 빛 속에 나타난다. 가령 길에 새까만 돌이 있다고 하자. 그것은 전등의 빛을 반사하지 않으므로 보일 리만무하다. 그러나 그 주변의 땅은 틀림없이 보인다. 검은 구멍은 이 돌과 비슷한 기분 나쁜 성질을 갖고 있다. 그리고 이런 괴물이 우주 여기저기에서 발견된 것이다. 앞으로도 더 발견될

것이다. 제일 먼저 발견된 것은 백조자리에 있는 시그(CYG)X1
이다.

아인슈타인의 상대성원리는 우주론을 발전시켰다. 그 우주론
에 의하여 검은 구멍 같은 천체의 존재를 예언한 사람은 미국
의 오펜하이머이며, 1939년의 일이다. 과연 그것이 존재하느냐
않느냐는 상대성원리의 시금석(試金石: 가치, 역량 따위를 알아
볼 수 있는 기준이 되는 기회나 사물)이었다. 그로부터 30년
가까운 세월이 지나 로켓으로 관측된 백조자리 (CYG)X1이야
말로 그것으로 생각하게 되었다.

우리가 지구의 중력을 벗어나서 우주로 출발하는 데 필요한
탈출 속도는 초속 11.2km인 것을 알고 있다. 지표에서의 중력
의 크기는 지구의 질량과 지구 중심에서 지표까지의 거리, 즉
지구의 반경으로 결정된다. 질량이 불변이면 반경이 작을수록
지표에서 중력은 커진다. 그러므로 반경이 실제의 1억분의 1로
축소되었다고 하면, 중력은 1억분의 1의 1억분의 1, 탈출속도
는 11만 2천km가 될 것이다. 다시 7억 1천 7백만 분의 1로 줄
면, 탈출속도는 초속 30만km, 즉 광속이 된다. 이때의 지구 크
기는 골프공 정도가 되는데, 이보다 더 줄면 탈출속도는 광속
을 넘게 되므로 결국 탈출이란 있을 수 없는 일이 된다.

태양의 50배 이상의 질량을 갖는 별은 열을 가지고 있는 동
안은 내부압력으로 찌그러지지 않지만, 냉각되면 자체중력으로
찌그러져서 마침내 검은 구멍이 되는 것이다. 검은 구멍이라
이름 붙인 사람은 오펜하이머가 아니고, 미국의 오일러와 영국
의 펜로즈이다.

검은 구멍은 모든 것을 빨아들인다. 천체도 빛도 만물을 빨

아들인다. 만일 그것이 지구 가까이 있다고 하면 지구는 바늘처럼 늘어나서 빨려들 것이다.

33. 유성은 왜 빛이 날까?

유성을 보지 못한 사람은 없을 것이다. 그것을 볼 때 열을 느끼기보다 냉기를 느끼는 것이 보통일 것이다. 그러나 유성은 고온 때문에 빛을 내는 것이다. 우리의 감각이 미덥지 못하다는 것을 유성이 가르쳐주고 있다.

유성이 지상에 그 모습을 남길 때, 석질(石質)의 것은 운석이라고 불리고, 금속질의 것은 운철(隕鐵)이라고 불린다. 어느 쪽도 돌멩이 같은 것이다. 그런 것이 빛을 내는 것은 고온이 되었을 때 한한다. 전등의 필라멘트가 고온이 아니면 빛을 내지 않는 것과 같다. 그러면 그 열은 어떻게 생겼느냐 하는 문제에 부딪히게 된다.

나는 초등학교에서부터 대학까지의 교과서를 쓴 경험이 있다. 초등학교 1년부터 중학교 3년까지의 자연과 교과서를 계속하여 혼자서 쓴 경험도 있다. 이때의 일인데 유성이 빛을 내는 것은 공기와의 마찰 때문이라고 썼다. 교과서는 검정받게 되어 있어서 심사관의 마음에 들지 않는 점이 있으면 감점된다. 감점의 총계가 기준점을 벗어나면 불합격이 된다. 감점되어서는 안 되겠기에 마찰이라 한 것이다.

일반 사람들의 상식으로는 유성이 빛나는 것은 그 본체가 대기권에 돌입하면 공기와 마찰을 일으키고, 마찰이 있으면 열을 내는 현상은 손을 세게 비빌 때의 체험으로 우리는 잘 알고 있다. 그러므로 마찰에 의한 발열이라는 해석은 무엇보다도 잘

통한다. 교과서에서도 통하기 쉬운 것이다.

그러나 사실을 말하면 유성의 열은 마찰 탓도 있으나 이 부분은 오히려 적다. 그 열의 대부분은 압축에 의한 것이다.

공기와 같은 기체는 압축되면 열을 발생한다. 이 열이 새지 않으면 그만큼 온도는 상승한다. 이 같은 압축을 「단열압축」이라고 한다. 열이 새어나가는 길을 막고 압축한다는 뜻이다. 단열압축이 된 기체는 발생한 열로 온도가 상승한다. 유성의 경우도 그런 것이다.

유성이 고속으로 대기권에 돌입하면, 그 전면이 공기를 압축할 것이다. 이 강렬한 단열압축으로 공기가 대량의 열을 발생하여, 유성 본체에 그 열을 주게 될 것이다. 그 결과 유성의 온도가 상승하여, 마침내 빛을 내게 된다는 것이다. 빛을 낼 정도의 온도로 되면, 유성 본체는 녹든가 타든가 할 것이다.

1978년 2월, 소련의 원자로를 실은 인공위성이 캐나다에 추락했다. 이때 유성 본체의 대부분이 타버렸는데, 그 열의 근원을 캐면 대부분이 공기의 단열압축에서 온 것이다. 이것을 마찰열이라고 해도 전적으로 거짓말이 아니라는 것을 이해할 것이다.

Ⅳ. 밖에서 본 지구의 과학

-지구는 왜 푸를까?

34. 지구는 왜 둥글까?

우리나라에서는 옛날부터 달을 노래하였다. 노래로 불린 달은 구(球)가 아니고 원반이다. 그런 기하학적 분석은 없었을지 모르겠다. 요컨대 관상은 있었으나 관찰은 없었다. 우리의 조상이 달을 노래할 때보다 1000년쯤 전부터 달은 구라고 생각되었다. 고대 그리스의 현인 아리스토텔레스는

「천체는 미의 상징이며, 구는 미의 극치이므로 천체의 형태는 구가 아니면 안 된다」

라고 하며, 달이나 태양이 구인 것으로 해석하였다. 억지변명이건 어떻든 한마디 언급이 있었다는 데에 가치가 있다. 동시에 이러한 경향이 동양인에게는 전혀 보이지 않았다는 사실에 주목하고자 한다.

이후 갈릴레오가 달의 곰보나 태양의 흑점을 발견하였을 때 현인의 가르침이 방해되었다. 완전무결하여야 할 천체에 오점이 있다니 트집이 아니냐는 것이다. 어쨌든 트집은 쓸데없는 문제를 일으킨다. 달에는 우리가 잘 아는 명암의 무늬가 있는데, 아리스토텔레스는 그것을 지구의 육지와 바다의 반영으로 보았다.

그런데 만일 아리스토텔레스가 지구도 구이며, 태양이나 달과 같은 천체임을 올바르게 알고 있었다면 다른 해석을 내렸을 것이다. 지구를 흠 하나 없는 구로 보지 않으면 안 되기 때문이다.

우리는 구의 형태에 특별한 성질이 있음을 알고 있다. 특별한 성질이란 일정한 부피가 주어진 물체에서 구는 최소 표면적을 갖는 형태라는 것이다. 그러므로 표면적을 최소로 하려는

힘, 즉 표면장력이 형태의 결정권을 갖게 될 때, 그 물체는 구형으로 된다. 풀잎 위의 이슬도, 불꽃놀이의 화구(火球)도 그 형태가 구로 되는 것은 형태의 결정권이 표면장력에 있기 때문이다.

그러면 지구의 경우는 어떤가? 우선 표면장력은 액체에 특유한 것이다. 풀잎의 이슬도 불꽃놀이의 불꽃도 액체이다. 지구가 어떤 시기에 액체에 가까운 상태였을 가능성은 있다. 그러나 지구와 같이 큰 물체인 경우에는 표면장력이 형태의 결정권을 가질 수 없다. 표면장력의 효과는 물체가 작을수록 강하게 나타나기 때문이다. 표면의 곡률(曲率: 곡선이나 곡면의 각 점에서의 구부러진 정도를 표시하는 값)이 클수록 강하게 나타나기 때문이다.

모래밭에 뾰족한 산을 쌓으려고 하면 산사태처럼 무너진다. 이 토사(土砂)는 지구 중심으로 접근하려고 무너져 내린다. 요컨대 물에서 알 수 있듯이 지구상의 만물은 높은 곳에서 낮은 곳으로 움직이려고 한다. 지구 중심에서 같은 거리의 위치를 잡으려고 하는 것이다. 비도 바람도 이를 돕는다. 지구가 왜 둥근가에 대한 대답은 거기에 강한 중력이 있기 때문이다.

35. 지구의 자전은 언제까지 계속될까?

'푸코 진자'는 프랑스의 장 베르나르 푸코가 발명한 것이다. 그는 1851년 파리의 팡테옹에서 이 진자를 진동시켜 지구의 자전을 증명했다.

진자로 지구의 자전이 어떻게 증명된다는 것일까? 여기에서 우선 갈릴레오의 관성의 법칙을 생각할 필요가 있다. 뉴턴이 운동의 3법칙을 들었을 때, 그중 제1법칙으로 삼은 것이다. 이 법칙에 의하면 「힘이 작용하지 않은 한, 운동은 그대로 지속한다」 여기에서 운동이란 속도와 방향을 뜻한다. 진자의 경우 추에는 중력과 공기저항의 두 힘이 작용하는 것으로 생각해도 무방하다. 공기의 저항은 제쳐두고 중력은 진자로 하여금 주기운동을 시키므로 속도변화의 원인이 된다. 진자의 속도는 중력에 의하여 끊임없이 변화하는 셈이다. 그러나 추의 운동 방향에 대하여 중력은 아무런 영향을 미치지 않는다.

그러므로 진자의 운동면은 시종 부동(不動)일 것이다. 푸코는 이에 주목하였다. 지구가 자전으로 움직여도 진자의 진동면은 부동이니까 여기에 상대 운동이 나타날 것이다. 이것은 진자의 진동면이 바닥에서 24시간에 1회전 한다는 것이다. 이것으로 자전이 증명되고 자전 주기가 구해진다.

이상으로 지구의 자전을 알았다. 이것은 회전운동인데, 지구가 생겨나서 돌기 시작한 것인가, 아니면 생기기 전부터 돌고 있는 것일까? 일반적으로 회전운동에서는 각운동량보존(角運動量保存)의 법칙이 있다. 회전체의 운동량은 변치 않는다는 것이다. 그렇다면 무(無)의 운동량에서 유(有)의 운동량이 나올 리가 없다. 결국 지구의 자전은 생겨나기 전의 우주운(宇宙雲) 시대부터 있었고, 지구의 형태로 응집된 부분의 각운동량이 지구에 넘겨졌다고 생각할 수밖에 없다.

지구 자전의 미래를 생각할 경우에는 회전운동의 에너지에 착안하는 것이 알기 쉽다. 여기에 지구 대신 대야가 있고, 물이 들어 있다고 하자. 이 대야에 회전운동을 주어보자. 거침없이 회전을 계속하여 좀처럼 멈추지 않을 듯이 보이지만 확실히 정지한다. 회전운동의 에너지가 조금씩 물이나 공기의 열에너지로 바뀌어서 마침내 0이 된 것이다. 물론 이 에너지 전환의 원인은 물과 공기의 저항이다.

지구는 대야와는 달라서, 물이나 공기 속에서 자전하는 것은 아니다. 그러므로 주위의 마찰에 의한 회전운동 에너지의 손실은 없다. 있다면 지구의 내부마찰이다. 해수(海水)에도 지각(地殼)에도 달의 인력에 기인하는 자전에 의한 조석(潮汐) 현상이 생긴다. 이 운동에 따르는 마찰이 자전 에너지를 조금씩 열로 전환한다. 이 때문에 자전 주기는 10만 년에 약 1초 단축된다.

36. 지구의 중심은 왜 뜨거울까?

우리는 맨발로 여름 한낮의 모래밭을 디디기에 고통스러울 정도로 뜨거워지는 것을 알고 있다. 이럴 때 다른 지면도 같은 만큼의 태양열을 받고 있을 것이다. 지면의 온도가 모래밭에서처럼 오르지 않는 것은 흙의 성질에 의한 것에 지나지 않는다. 이처럼 지상의 만물이 태양열을 받고 있음은 의심할 여지가 없다. 그러나 지구의 열이 모두 태양에서 온다고 생각하면 잘못이다.

땅속 온도는 깊이 100m마다 평균 3°쯤 높아지는데, 이 열은 태양에서 받은 것은 아니다. 지질시대 또는 원시시대에 태양으로부터 막대한 열을 받아 이것이 땅속에 축적된 것이 지열이라고 생각한다면 큰 잘못이다.

태양의 열이 수소의 핵융합에서 생기는 것임을 독자는 알 것이다. 우주에는 태양과 같은 열원(熱源)이 아주 많다. 은하계라는 소우주에서조차 열원은 2천억 개나 있다. 그리고 그곳에서의 열의 발생은 거의 전부가 태양에서와 같은 원자력에 의한 것이다. 이것은 열원으로서 가장 흔한 것이 원자력임을 뜻한다. 이렇게 생각하면 '지열도 원자력이겠지' 하고 상상하는 것이 상식적이다. 그리고 그것이 사실이긴 하다.

우리는 지금 에너지자원으로 우라늄을 주목하고 있다. 식민지에 우라늄광이 있어서 풍요하게 지내는 벨기에 같은 나라가 있을 정도로, 당분간 우라늄이 가치는 오를지언정 떨어지지는 않는다. 우라늄은 지구의 중심에 대량으로 있어서, 그 방사성원소의 핵분열이 왕성하게 일어나 끊임없이 열을 발생한다고 생각하는 것이 일반적이다. 태양에 비하면 문제가 되지 않지만, 지구도 원자핵 반응에 의한 열을 우주 공간에 발산하고 있다.

원시지구는 불덩어리였는데 점차 냉각되어 지각이 생겼다고 하는 설을 오랫동안 우리는 믿어왔다. 생겨난 시초의 지구는 고온이었다는 것이다. 그러나 지금 이 설을 지지하는 학자는 없다. 퀴리 부인에 의해 방사능이 발견될 때까지 방사능에 의한 현상은 생각조차 못 했다. 당시 지열은 고사하고 태양열에 관한 가설조차 세우지 못했었다.

원시지구는 우주의 먼지와 가스로 뭉쳐진 냉랭한 흙덩어리였다. 그 덩어리 중심에 무거운 원소인 철, 니켈, 우라늄, 토륨 등이 모였다. 그리고 그들 방사성원소가 핵분열을 일으켜 열을 발생하고, 마침내 그 온도가 먼지를 용해할 정도로 되었다. 그것이 지구를 불덩어리로 만든 것이다. 그리고 그 열이 우주 공간에 복사되는 동안에 지구는 표면에서부터 냉각되기 시작하였다. 그 결과 용해된 먼지가 굳어져 암석이 되고 이것이 지각이다.

37. 지구는 왜 푸를까?

「지구는 푸르렀다」

이것은 인류 최초로 지구를 떠나 우주 공간에서 지구를 바라본 우주비행사 가가린의 첫마디로서, 역사에 영원히 남을 말이 되었다. 이때 발사된 스푸트닉은 우주 시대의 개막을 성취하였다. 우주 경쟁에서 소련이 미국을 앞지른 것도 특필한 역사적 사실이라 하겠다. 그러나 여기에는 이유가 있다. 소련은 이미 오래전에 로켓이나 우주 비행 분야에서 선진국이었다. 치올콥스키라는 선구자가 있었기 때문이다.

치올콥스키는 귀가 들리지 않아 학교에서 공부할 수 없어서 독학을 한 사람이다. 가난을 무릅쓰고 모스크바에 간 뒤, 검은 빵과 물로 연명하면서 오로지 도서관에서 수학과 물리학을 공부하였다. 그리하여 마침내 고향의 중학교 교사가 될 수 있었다.

학교에서 교편을 잡고 한편으로 로켓을 연구하여 다단식(多段式) 로켓이 아니면 우주여행이 불가능하다는 결론을 얻었다. 그리고 다단식 로켓을 설계하는 한편, 무중력 공간에서 우주여행에 관한 논문을 몇 편이나 썼다.

중학교 교사가 자신의 돈으로 할 수 있는 일이란 뻔한 것이다. 정부에서 연구자금을 넉넉히 줄 까닭도 없다. 그러므로 그의 연구는 주로 책상에서의 기획이고, 무엇을 만든다고 해도 아주 간단한 것에 지나지 않았다. 그러나 그의 책상 연구는 세계 제일이었다.

혁명 후 치올콥스키의 업적은 높이 평가되었다. 스푸트닉 1호는 그의 이론을 실현한 것이었다. 그때 그는 이미 이 세상에

없었다. 발사된 1957년 10월 4일은 그의 탄생 100년째 생일
이었다. "지구는 푸르렀다"는 말은 그에게 보내는 말일 것이다.

그런데 지구가 푸르게 보이는 것은 하늘이 푸르게 보이는 것
과 같은 것이므로 당연한 일이다. 그렇다 해도 I장 「9. 하늘
은 왜 푸를까?」에서 설명한 바와 같이 공기가 가장 진한 청색
으로 보이는 방향이 일광에 직각인 방향이라고 하면, 태양과
지구와 스푸트닉은 L자형이 되는 위치에 있었는지도 모른다.
그럴 때야말로 새파란 하늘, 아니 새파란 대기가 지구를 둘러
싸고 있는 것을 볼 수 있다.

그렇지 않고 지구 뒤에 태양이 있었다고 하면 지구는 푸르지
않았을 것이다. 또 태양과 지구 사이에 있었어도 지구는 푸르
게 보이지 않았을 것이다.

가가린에 뒤이어 여러 우주비행사가 우주 공간에서 지구를
바라보았을 터인데 이후로는 누구도 지구가 푸르다고 하지 않
았다. 남이 한 말을 다시 하기 싫어서였을까.

38. 지구는 왜 자전과 공전을 할까?

지구가 왜 자전하나? 왜 공전하나? 하고 물을 때에 간단한
대답이 있다. 그것은 최초부터 자전과 공전을 했으니 지금까지
계속되고 있는 것이라고 하면 된다. 일반적으로 회전운동은 한
번 시작되면 외력이 가해지지 않는 한 영구히 계속되는 것이다.

이와 같은 법칙은 직선운동에도 있다. 그것은 뉴턴의 「관성
의 법칙」이다. 그러므로 회전운동이 언제나 계속되는 것도 역
시 관성의 법칙에 의한 것이라 해도 무방하다.

「운동량」이라고 하는 역학 개념이 있다. 이것은 1644년 데

카르트가 제창한 것인데, 뉴턴의 운동 법칙이 운동량을 사용하여 설명되는 것을 알고 있는 사람도 있을 것이다.

이 운동량에 대응한 「각(角)운동량」도 있다. 이것은 회전운동의 운동량이라 해도 무방하다. 뉴턴의 운동 법칙에서 「운동량보존의 법칙」이 도출되듯이 「각운동량 보존의 법칙」도 거기에서 간접적으로 도출된다. 앞서 회전운동은 한번 시작되면 외력이 가해지지 않는 한 영구히 계속된다고 하였는데, 이 법칙이 곧 각운동량 보존의 법칙의 한 표현이다. 각운동량이 보존된다는 것은 각운동량, 즉 회전운동이 양적으로 보존된다는 뜻이다.

지구가 자전하고 있다면 거기에 일정한 각운동량이 있을 것이다. 가령 지구가 변형되어 남북방향으로 찌그러진 모양이 되었다고 하자. 이에 따라 지구의 회전속도는 떨어진다. 그러지 않으면 각운동량이 늘어난다. 지구는 각운동량을 일정하게 유지하기 위해 자전 속도를 낮춘다. 반대로 남북으로 늘어난 모양이 되면 자전은 빨라진다.

태양계가 생기기 전에, 그 둘레에 충만한 성간가스는 거대한 원반이 되어 회전하였다. 그것이 어떤 계기로 여기저기에서 응집하기 시작하였다. 그것이 후에 태양, 지구가 되는데, 응집으로 회전체가 축소됨에 따라 회전속도가 빨라졌다. 각운동량 보존의 법칙에 의한 것이다.

태양계의 성운 중에서 지구가 될 부분은 원반의 중심 주위에서 공전은 하였으나 자전은 하지 않았다. 그러나 원반이 1회전할 때마다 행성이 될 부분도 1회전 하였다. 이것은 자전의 한 형태로 볼 수 있다. 그러나 그것이 응집하는 데 따라, 이 자전적 회전운동이 빨라졌다. 그리하여 지금에는 24시간에 1회라는 꽤 빠른 속도로 자전하게 되었다.

지구의 공전에서는 문제는 더 간단하다. 거대한 성간가스의 회전운동이 그대로 각 행성에 의하여 보존되어 있다는 것이다.

39. 지구가 궤도를 일주하는 데 왜 365일이 걸릴까?

이런 문제는 참으로 어렵다. 365일이 걸려 일주하는 것은 예부터 정해져 있고, 그것이 변치 않으니까 그렇다고 하면 이 이상 간단한 문제도 없을 것이다.

일주하는 데 365일이 소요된다는 것은 잘못이다. 정확하지 않다. 사실은 365일 더하기 6시간이다. 문제를 지구가 궤도를 일주하는데 왜 365일 6시간이 걸린다고 정정하지 않으면 의미가 없다고 누가 이의를 제기했다고 하자. 그러면 일주 365일 6시간으로 예부터 정해 있어 그렇다고 할 수 있을 것이다.

돌이켜 생각해보면 「하루」라는 구분은 밤낮의 주기에서 온 것이다. 밤낮의 구분은 지구의 자전에서 오는 것이다. 초등학교 이래 우리는 태양은 동쪽 하늘에서 떠오르고 서쪽 하늘로 진다고 배워왔다. 이것은 지구중심설 그대로의 설명인데, 태양이 동쪽에서 떠오르는 것은 지구가, 아니 지구상에 정지해 있는 자기의 위치가 동쪽으로 움직인 결과인 것이다.

이것이야말로 많은 용기 있는 과학자들이 피를 흘려 쟁취한 태양중심설의 입장이다. 초등학교에서 태양이 동쪽 하늘에서 떠오르는 것 같이 보이는 것은, 실은 지구가 동쪽으로 돌기 때문이라고 가르치는 것이 어떨까 가끔 생각한다.

이런 것이 우리의 일상생활에 끼어든 「코페르니쿠스적 전회 (轉回)」라 할 수 있겠다. 이것이 자연스럽게 되면 과학이란 이런 성격의 것임을 알 수 있게 된다.

요컨대 지구가 지축의 둘레를 365.25 회전하면 공전궤도 상의 본래의 위치에 되돌아오므로, 1년이 365일 6시간이 된다고 생각해도 될 것이다.

이것은 독자 여러분을 교란하기 위한 시도는 아니지만, 결과에 있어서 그렇게 된다. 어떤 원인으로 지구의 형태가 변해 달이나 럭비공 같은 모양이 되었다 하자. 그러면 달이 항상 같은 쪽을 지구로 향하고 있는 것처럼 지구의 절반은 항상 태양을 향한 「낮의 세계」가 되고, 다른 반쪽은 「밤의 세계」가 될 것이다. 달세계와 똑같이 된다.

이렇게 되면 하루의 구분이 없고 우리는 매우 당혹하게 될 것이다. 이런 것은 아무래도 좋으나 지축의 주위를 도는 지구의 회전 횟수가 문제가 된다.

1년이 지나서, 즉 공전궤도를 일주하여 지구가 원래의 위치에 돌아오기까지 지구는 지축의 주위를 1회전 한 것이 아닌가? 그렇지 않다면 돌출면이 항상 태양을 향하게 될 수는 없는 것이 아니다. 이것은 자전하지 않았다고 생각은 해도 결국 1년에 1회전만 자전한 것이 된다.

그러므로 궤도 일주에 왜 365일이 걸리는가 하면, 궤도를 일주하는 사이에 지구는 지축의 주위를 365회 돌기 때문이다. 365.25회라고 해도 좋다.

40. 빙하기는 다시 닥쳐올까?

몇십 년 만의 대설, 몇십 년 만의 가뭄 등 섬뜩한 뉴스가 들린다. 지구가 점점 냉각되고 있는 것일까?

이상기상의 책임을 모두 빙하기 같은 자연의 자기운동에 돌리는 것은 옳은 일이 아니겠으나, 이상기상의 인위적 원인분석은 몹시 어렵다.

빙하기의 분석을 가모프가 「지구의 전기(傳記)」에서 다룬 것을 소개하겠다.

그 주장의 첫째는 기온이 빙점 이하이면 추위가 아무리 심해도 눈이 많이 오는 것은 아니며, 기온이 빙점 이상이면 더위가 심할수록 녹는 눈의 양이 많다는 것이다. 시원한 여름은 추운 겨울보다 얼음층의 발달을 조장한다는 논리이다.

이것이 빙하기 도래의 조건이 되는 것인데, 그 원인으로 그는 지축의 변화를 들었다. 그 하나는 그리스의 히파르코스가 발견한 「세차(歲差)운동」이다. 이것은 지구의 적도 부근의 팽창에 미치는 태양과 달의 인력에 의한 운동이라고 뉴턴이 명쾌하게 증명한 바다. 세차운동이란 지축이 우주 공간에 원추를 그리는 것으로서 같은 운동을 팽이에서도 볼 수 있다.

케플러의 제1법칙에 있는 바와 같이 지구는 태양의 주위를 타원궤도를 그리며 돈다. 이 타원의 곡률(曲率) 최대의 지점이 근일점(近日點), 원일점(遠日點)이 되어 있다.

현재 지구는 원일점에서 북반구가 태양을 향한 것처럼 지축이 기울어져 있다. 그러나 1만 3천 년 후에는 남반구가 태양을 향할 것이다. 그때 북반구는 근일점에서 태양을 향하게 되므로 여름 기온은 현재보다 높아질 것이다. 그것이 즉 세차운동이 기상에 미치는 영향이다. 이 운동의 주기는 2만 6천 년이라고 한다.

지축의 기울기와는 관계없는 현상이지만 지구의 타원궤도는

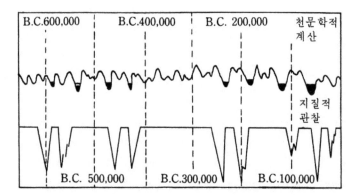

밀란코비치의 그래프. 위의 도표는 북위 65°에서 여름 동안의 온도 이상을 나타낸다. 아래 그림은 지질학적 자료로부터 얻은 다른 빙하시대를 나타낸다

그 두 초점거리가 주기적으로 변화하고 있다. 근일점, 원일점에서 지구와 태양과의 거리가 변동하는 것이다. 이것도 기온에 영향을 미친다. 결국 여름의 기온은 이미 알려진 많은 요인에 의해 좌우되는 셈이고, 과거의 빙하기는 밀란코비치에 의하여 분명하게 설명되었다. 머지않아 빙하기가 닥쳐올 것도 말이다.

41. 지진을 미리 알 수 없을까?

일본에서 생겨난 자연과학 부문이 있는지를 물으면 즉석에서 「지진학」이라고 할 수 있다. 처음으로 지진을 경험한 외국인 교수 유잉이 그 창시자이다.

일본의 메이지 시대(1667~1912) 초년에 많은 외국인 교사가 일본에 초빙되었다. 유잉도 그중의 한 사람이며, 켈빈의 제자로 물리학자이다. 그는 1878년부터 1883년까지 5년간 체류하였다. 그동안 자신의 전문인 자기학을 가르치는 한편 지진계를 발명하고, 도쿄대학 구내에 지진관측소를 설립하였다. 필자는 그 제자인 오오모리(大森房吉) 교수에게 지진학 강의를 받았다. 그는 진원까지의 거리를 산출하는 「오오모리 공식」을 발표하여 그 이름을 영구히 남겼다. 그는 어느 날 강의를 하던 중 지진을 예지하는 연구를 하여야 할 것인데, 예지할 수 있게 되어 이를 예보하면 대혼란이 생기겠지 하고 걱정스러운 얼굴로 이야기한 일이 있다. 유명한 관동(關東) 대지진 2년 전의 이야기다.

관동대지진이 있었던 다음 해 동경대학에 지진학과가 설립되고, 그다음 해에는 지진연구소가 설립되었다. 그리고 일본이야말로 지진학의 본산이라고 할 수 있으리만큼 내용이 충실해졌다. 지진을 예지하는 연구도 다른 나라에 앞서게 되었다.

일본이 지진학 분야에서 앞선 나라로 자부하고 있는 동안에 돌연 벼락이 떨어졌다. 일본사람에게서 배운바 있는 미국인 숄츠가 예지이론을 발표하고, 과거의 몇 개의 지진을 그 이론으로 예지할 수 있었을 것이라고 말했다. 그것은 어찌 됐든 그때까지의 경과가 재미있다.

1976년 소련의 사바렌스키는 지진의 종파(縱波)의 속도가 지진 전후에 크게 다른 것을 발견하고 그것을 발표하였다. 그러나 그것은 지진학 상식에 벗어난다고 무시되었다. 얼마 후 이것이 발전하여 속도 이상이 지진 1개월 전 또는 수개월 전에 시작되어 그것이 원상으로 돌아갔을 때 지진이 생기는 것을 알게 되었다. 여기에 흥미를 느낀 것이 숄츠였다. 그리고 그는 이 현상을 훌륭하게 설명한 것이다. 이것을 소개하겠다.

지진은 지각 또는 상부 맨틀의 파단(破斷)에 의하여 생긴다. 암석에 압력을 가하면 찌그러져서 미크론 정도의 틈이 무수히 생긴다. 이로 말미암아 여기를 통과하는 P파(波)의 속도가 작아 진다. 그러나 이 틈에 차츰 물이 스며들면 암석이 단단해지므로, 파(波)의 속도가 커진다. 다음 물이 포화하면 속도는 전처럼 되고, 파단 부분이 크게 움직여서 단층을 형성한다. 이 운동이 지진이 되는 것이다. 매력적인 이론이 아닌가.

  암석의 틈에 스며든 물은 얼마 후 지표로 나온다. 이것이 방사성 기체 라돈을 날아온다. 지진발생 전에 대기 중에 라돈이 증가하는 것이 알려져 있다. 또 물이 스며든 시기에는 암석이 경화되므로 소지진이 생기지 않을 것이다. 사실 그러하다.

V. 빛의 과학

—빛이란 무엇일까?

42. 빛이란 무엇일까?

시인 괴테가 임종 시에 「좀 더 빛을… 조금 더 빛을…」이라고 말한 것은 유명하다. 또 '앞날의 광명을 찾아서'라는 말도 있다. 이처럼 인간은 빛을 갈망하는 것 같다. 그런데 그 빛이란 무엇일까?

과학사상 빛을 연구한 탁월한 이는 영국 최고의 물리학자 아이작 뉴턴이다. 그가 케임브리지 대학에서 받은 광학 강의는 대체로 다음과 같은 것이었다.

「빛은 물질이거나 물질의 성질 내지 운동 상태이다」

「빛은 공기나 유리 같은 매질을 연속적으로 전파하는 것이든가, 또는 충돌할 때마다 자기를 갑절로 늘리면서 퍼지는 입자이다」

배로 교수는 두 가지 설을 지지하였으나, 어쨌든 당시 빛의 본질에 관한 정설은 없었다. 만약 아리스토텔레스가 무엇이라고 하였더라면, 지구중심설 모양으로 무조건 신빙되었을지도 모르겠으나, 이 고대 그리스의 현인은 빛의 본질에 관한 말은 남기지 않았다. 그래서 빛의 본질을 자유로이 강의할 수 있었다. 이 강의는 '기하광학(幾何光學)'에 관한 것으로서, 반사나 굴절시의 빛의 코스를 논하는 것이었으며 빛의 본질 같은 것은 어떻든 상관없었다.

강의는 색채론(色彩論)까지 영향을 끼쳤다. 여기에서 교수는 빨강은 빛의 농축된 상태이고 보랏빛은 빛의 희박한 상태라고 하였다. 이것은 빛과 어둠의 비율에 따라 여러 가지 빛깔이 생긴다는 아리스토텔레스의 색채론을 마르크스 멀티가 전개한 것이었다. 멀티는 프리즘이 이루는 색의 띠는 태양의 각각 다른 부분에서 발하여 다른 각도로 프리즘에 입사되는 데서 기인한다고 하였다.

뉴턴은 이 모든 것을 이상하게 생각하였다. 그래서 촛불의 불빛으로 스펙트럼을 만들었다. 그러자 빛의 순서도 띠의 폭도 태양의 경우와 같이 되었다. 촛불은 태양 같은 큰 광원이 아니다. 멀티의 가설은 뉴턴 앞에서 깨끗이 무너졌다.

뉴턴은 빛의 입자설을 주장하였다. 빛의 반사는 광입자가 충돌하여 되돌아오는 현상이다. 수면에 던진 돌멩이의 진로는 꺾이어 휜다. 빛의 굴절은 이와 같은 현상이다. 뉴턴은 이 광입자는 진동하는 것으로 생각하였다.

현재 빛은 입자와 파동이 이면성(二面性)을 갖는 것으로 여겨지고 있다. 입자와 파동은 모순된 성질의 것이다. 입자이기도 하고 파동이기도 하면 빛에 대한 개념을 머릿속에 그리기가 어렵다. 그러나 그렇게 생각하지 않으면 설명할 수 없는 현상이 있다. 빛을 받을 때, 빛을 발할 때, 그 에너지는 토막토막 한 단위씩으로 된다. 빛의 입자성이란 이런 것을 말하는 것이다.

43. 레이저 광선이란 무엇일까?

2차 대전 중 살인광선이 있었으면 하고 생각한 사람들이 각국에 있었다. 전쟁에서는 적을 살해하는 것이 미덕이다.

살인광선이 있다 해도 그것은 우리가 전부터 알고 있는 광선은 아닐 것이다. 렌즈 계에 의한 것보다 월등히 대량의 에너지를 모을 수 있는 획기적인 발명이어야 한다. 이에 응한 발명이 「레이저」다.

빛의 정체는 공간의 운동이다. 태양의 빛도, 전등의 빛도, 크고 작은 파장의 전자기파(電磁氣波)가 복잡하게 혼합된 것이다.

그것을 정리하여 파의 산(山)과 산을 가지런하게 할 수 있다면 에너지는 커질 것이다. 보통의 빛은 산과 골짜기가 겹치는 모양의 파가 많다. 많은 전력을 소비하는 야간 시합장의 조명등도 빛으로서의 출력은 대단치 않다.

형광등은 방전관 속의 수은 원자가 빛을 내고 있다. 그 빛의 파장이 너무 짧아 눈에 보이지 않으므로 형광물질의 매개로 파장을 길게 하여 눈에 보이는 빛으로 바꾸는 것이다.

수은 원자의 발광 메커니즘은 이렇다. 즉 원자핵 주위에는 전자가 돌고 있다. 핵에서 먼 궤도에 있던 전자가 핵에 가까운 궤도로 옮아오면, 에너지가 남아서 그것이 일정 파장의 빛으로 바뀐다. 발광을 위해서는 우선 전자를 핵에서 먼 궤도에 두어야 한다. 이것을 전자가 들뜬다고 한다. 들뜬 전자는 적당한 시간을 두고 원래의 궤도로 돌아온다. 이때 빛의 「자연방출」이 일어난다. 형광등의 경우가 이 예이다.

1960년, 미국의 메이먼이 다수의 원자를 동시에 들뜨게 하여, 그 전자를 동시에 원 궤도로 되돌리는 방법을 발명하였다. 방출되는 빛과 같은 파장의 빛을 부딪치게 하는 방법이다. 그는 이것을 「유도방출에 의한 빛의 증폭(Light Amplification by Stimulated Emission of Radiation)」이라고 명명하고, 그 머리글자를 따서 레이저(LASER)라고 하였다.

메이먼은 루비 결정에 루비 결정에서 나오는 빛과 같은 파장의 빛을 플래시램프로 주고, 강렬한 레이저광을 유도 방출시키는 데 성공한 것이다. 이때 램프의 빛과 유도광은 같은 위상(位相)이며, 산과 산이 겹치고 같은 방향으로 방출되었다. 이것을 거울로 반사해 루비로 되돌리면, 유도방출이 반복되고 빛은 증폭되어 더욱더 강해진다.

그 후 가스 레이저와 반도체 레이저가 만들어졌다. 유도방출의 방아쇠는 전자에서는 방전이고, 후자에서는 전기가 통한다. 레이저광의 본격적 개발은 1980년대 이후가 될 것이라 하지만 핵융합에서의 이용도 연구되고 있고 이미 광(光)통신, 거리측정, 외과수술 등 다방면에 이용되고 있다.

44. 빛은 굽은 길을 통과할 수 있을까?

빛은 반사하고 굴절하여 꺾이듯이 그 통로를 휜다. 그러면 고무관을 통하는 물처럼 구불구불한 코스를 통과할 수 있을까?

이런 질문을 던지면 아마 오래전 사람은 고개를 갸우뚱했을 것이다. 그러나 그 문제를 생각한 사람도 있었다.

물리실험에 관한 입문 서적이 서양에는 상당히 많다. 그러나 당시에는 그것이 번역된 일은 거의 없었다. 우리에게는 과학이 손에 미치지 않는 곳에 있었던 것이다.

그런 종류의 실험 서적을 보면 그에 대한 힌트가 있다. 물이 들어 있는 탱크 옆구리에 짧은 파이프가 있고 그곳에서 물이 흐른다. 파이프가 붙어 있는 곳, 즉 물속에 전등이 켜져 있다. 그 전등의 빛이 파이프에서 흐르는 물이 이루는 포물선에 유도되어 물받이 그릇에 비친다. 이를테면 빛이 흩어지는 그런 그림을 필자가 본 적이 있다.

이 실험 장치를 사용하면 빛은 구부러진 길을 갈 수 있다. 다만 구불구불 구부러진 것이 아닐 뿐이다.

물론 그 이유에 대한 설명이 있다. 빛이 물속을 빠져나오기 위해서는 굴절해야 한다. 그런데 굴절하기 위해서는 입사각(入

96

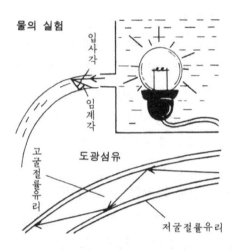

물의 실험

입사각

임계각

고굴절률유리

도광섬유

저굴절률유리

射角)이 임계각(臨界角: 반사각, 굴절률이 높은 매질에서 작은 매질로 빛이 지나갈 때 입사각이 일정 이상 커져서 전반사가 일어난 때의 입사각) 이하여야 한다.

　물속에서 공기로 나올 때의 임계각은 48.6°이다. 어느 방향에서 온 빛도 이런 작은 각도로 경계면에 입사할 수 없으므로 거기서 전부 반사하여 물속으로 되돌아간다. 흐름 속의 빛은 여기저기의 경계면에 부딪히지만, 아무리 해도 공기 속으로 나갈 수 없는 상태에서 그릇 속으로 되돌아간다. 그리하여 그릇의 바닥을 비추게 되는데, 그것이 또 수면의 흔들림에 따라 빛의 움직임이 보이는 것이다.

　요즘 옵티컬 파이버(optical fiber)라는 것이 생겼다. 나는 이것을 「도광섬유(導光纖維)」라고 번역한다. 이것을 이용한 것으로 위(胃)내시경 카메라가 유명하다. 도광섬유의 다발 끝에 카메라가 붙어 있다. 광원은 카메라 옆에 있어도 좋고 밖에 있어도 좋다. 도광섬유가 아무렇게나 구부러져도 위장의 내부가 카

메라에 잡힌다. 도광섬유의 재료는 유리 또는 플라스틱이며, 굴
절률이 높은 것을 축에, 작은 것을 외피에 사용하는 이중구조
로 되어 있다. 빛은 축과 외피와의 경계면에서 전부 반사하므
로 밖으로 나올 수 없다.

45. 프리즘은 왜 빛을 분해할까?

햇빛이 7색으로 분해되는 것은 오늘날 상식이다. 그리고 이
상식을 만든 사람은 17세기 영국의 물리학자 아이작 뉴턴이다.
그가 케임브리지 대학에 다닐 때 거리에서 우연히 프리즘을 보
고, 프리즘 두 개를 사서 빛과 빛깔의 성질을 연구하였다.

실제로 프리즘으로 빛을 '분산'시켜보면 대표적인 빛깔은 7
개이지만, 정확히는 빛깔의 종류가 대단히 많은 것을 알게 된
다. 뉴턴보다 후에 네덜란드의 크리스찬 호이겐스가 빛이 파동
이라는 설을 제창했고, 이것이 받아들여 져서 빛깔의 차이가
빛의 파장이 다른 데 기인한다는 것이 알려졌다. 햇빛은 파장
이 다른 빛들의 혼합이다. 7색을 기억하는 방법으로 비브기오
르(VIBGYOR)하고 외우면 된다. 바이올렛(보라), 인디고(남색),
블루(파랑), 그린(초록), 옐로(노랑), 오렌지, 레드(빨강)의 첫 글
자이다. 보라가 가장 짧은 파장의 빛깔이고, 빨강이 가장 긴 파
장의 빛깔이다.

그런데 프리즘을 통과한 햇빛은 분산되어 7색으로 상징되는
스펙트럼을 이룬다. 분산은 파장이 다르면 빛의 진로가 달라지
므로 생긴다. 그런데 진로가 왜 달라질까?

〈그림 A〉를 보자. 여기에는 두꺼운 유리판이 있고 빛이 비스
듬히 들어가고 있다. 그 입사광선이 유리판 속에서 둘로 갈라

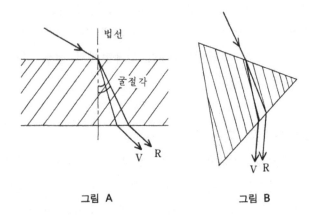

그림 A   그림 B

졌다. 이것이 유리판을 빠져나갈 때는 평행으로 된다. V는 보라, R은 빨강이며, 7색의 양 끝을 나타낸 것이다.

이 그림에서 유리판을 통과하는 과정을 비교하여 보면, R보다 V가 짧다. V는 마치 유리가 싫은 듯이 가까운 길을 취하고 있지 않은가.

파장이 짧은 빛은 반드시 이 같은 특성을 나타낸다. 이 특성 때문에 빛이 분산되는 것이다. 빛이 가까운 길을 잡는 것은 굴절각이 낮다는 것을 뜻한다. 동시에 그것은 굴절률이 높다는 것을 뜻한다. 빛은 굴절률의 차이에 의해 분산된다. 프리즘이 만드는 스펙트럼의 빛깔이나 무지개의 빛깔도 굴절률의 순으로, 즉 파장의 순으로 배열된다.

46. 전파가 어떻게 영상을 보낼 수 있을까?

텔레비전도 화성 탐사선도 전파로 영상을 보내온다. 지금은 조현병 환자까지도 「전파가 온다」는 표현으로 그 환각을 호소

한다. 전파라는 물리 용어가 이제는 일반 용어가 되어버렸다.

　무선전신의 발명은 1895년 이탈리아의 굴리엘모 마르코니, 러시아의 알렉산드르 포포프에 의하여 거의 동시에 발표되었다. 그들의 연구는 영국의 클럭 맥스웰이 1871년에 이론적으로 그 존재를 예언한, 전자기파를 포착한 독일의 하인리히 헤르츠의 업적에 힘입은 바 크다.

　무선전신의 발명이 라디오 방송에까지 발전한 것은 1920년의 일이며, 미국의 피츠버그에 세계 최초의 방송국 KDKA가 설치된 것이 효시다. 이 무렵부터 전자기파의 약칭인 '전파'가 모든 사람에게 친숙해졌다고 보아도 무방하겠다.

　전파로 영상을 보내는 기술은 전파로 모스 부호나 소리를 보내는 것보다 고도의 기술이다. 그러므로 그 발명은 더 늦은 1925년경이었다. 구체적으로 말하면 텔레비전의 발명은 영국의 존 베어드, 미국의 찰스 젠킨스에 의한다.

　전파는 말할 필요도 없이 파동이다. 이 파를 안테나에서 내보내는 한 가닥의 긴 테이프에 견주어 보자. 이 테이프에 흑백의 줄무늬가 있다고 하고, 이것을 수신하는 장치에서는 테이프를 일정한 길이로 잘라 국수 오라기를 펴놓듯이 나란히 늘어놓는다고 하자. 줄무늬가 불규칙적이면 늘어놓은 테이프는 모래를 뿌린 듯한 모양을 나타낼 것이다. 그러나 이것을 흑백으로 된 물체 모양으로 하는 것은 가능하다. 그리고 이것을 가능케 하기 위해서는 거꾸로 하는 방법을 생각하면 된다.

　가령 나란히 빽빽하게 늘어놓은 테이프 위에 먹으로 그림을 그려보자. 다 그렸으면 테이프를 차례차례로 연결하여 긴 한 가닥으로 만든다. 이 테이프를 안테나에서 내보내어 앞서 말한 수신 장치로 받으면 원래의 그림이 재현될 것이 아니겠는가?

텔레비전으로 영상을 보내기 위해서는 전파에 흑백을 넣으면 될 것이다. 이것은 전파라는 파의 파동에 특별한 고안을 베푸는 것을 뜻한다. 이리하여 흑백으로 된 전파가 수상기에 들어가면, 전파는 일정한 길이로 절단되어 흑백무늬가 차례로 화면에 배치된다. 영상이 일그러진다든가 흐르지 않게 하기 위해서는 절단된 곳을 틀리지 않게 하는 것이 필요하다.

텔레비전에서는 전파가 끊임없이 온다. 하나의 영상은 곧 사라지고 계속하여 다음의 영상이 오기 때문에 움직임이 생긴다. 화성탐사선의 경우에는 움직임은 필요치 않으므로 오히려 간단하다.

47. 빛의 속도보다 빠를 수는 없을까?

인간은 각종 교통수단을 발명하였다. 그 목적은 고생하지 않고 먼 곳에 가기 위해서일 것이다. 그러므로 타는 기분 외에도 속도가 중요하다.

인간은 우주여행을 계획할 수 있게 되었다. 그러려면 까마득히 먼 거리를 도중에 쉬지도 않고, 구경할만한 명소나 고적도 없이 지루한 여행을 계속해야 한다. 그러므로 속도가 매우 중요하다. 속도를 크게 하기 위해서는 원자력이든 뭐든, 인간의 지혜를 다하고 싶어진다.

달에 간다든가 화성에 간다든가 하는 태양계에서의 여행 같은 작은 규모가 아니고, 항성에 가는 경우를 생각해 보자. 그러나 지구에서 제일 가까운 켄타우로스자리의 알파성으로 우선 만족하자.

알파 켄타우로스까지의 거리는 4.3광년이다. 빛의 속도로 나는 로켓이 있다면 소요시간은 4.3광년 왕복으로 8.6년인데, 지루한 우주여행을 몇 년간이나 하는 것은 질색이다. 걸어서 1년 한도로 줄여달라고 로켓 설계자에게 주문한다 치자. 로켓 설계자는 틀림없이 이것을 거절할 것이다. 빛의 속도보다 빠른 운동은 불가능함을 알고 있기 때문이다. 아인슈타인의 상대성원리에 의해 물체 속도의 한계가 빛의 속도라는 것이 알려졌다.

그 설명을 이 지면에서 하려면 곤란하지만 간단하게 할 수는 있다.

$$길이 \cdots\cdots l = l_o\sqrt{1 - \frac{v^2}{c^2}}$$

$$질량 \cdots\cdots m = \frac{m_o}{\sqrt{1 - \frac{v^2}{c^2}}}$$

$$시간 \cdots\cdots t = t_o\sqrt{1 - \frac{v^2}{c^2}}$$

상대성원리에 의하면 길이, 시간, 질량 등이 절대불변인 것은 아니고, 속도에 의하여 변화하는 것을 수식으로 표시할 수 있다. 이 식을 보면 어느 것에도 루트가 붙어 있는데, 가령 v가 c보다 커지면 그것은 허수(虛數)가 될 것이다. v는 로켓의 속도, c는 빛의 속도이다. 그러므로 로켓의 속도가 빛의 속도보다 커지면 허수가 생기게 된다. 허수는 실존하는 것이 아니니까 그런 일은 있을 수 없을 것이다. 그런 일이란 로켓의 속도가 빛의 속도보다 빠르다는 것이다.

4.3년이라는 한계는 지상에서 기다리는 사람에게 해당하는 것이고, 여행자에게는 그 시간은 더 짧다. 「용궁에 다녀온 어부」 현상이 있기 때문이다.

48. 별빛과 밝기는 무엇으로 정해질까?

손전등의 빛깔이 건전지가 약해짐에 따라 붉은빛이 더해가는 것을 우리는 경험으로 알고 있다. 전지의 전압이 낮아지면, 전구를 통하는 전류가 작아져서 필라멘트의 발열량이 준다. 그리고 온도가 내려간다. 온도가 내려가면 빛의 파장은 길어진다. 즉, 빛의 빛깔이 스펙트럼에서 붉은 편으로 옮겨간다. 이 같은 온도와 빛의 관계는 빈이 1893년에 발견한 「변위법칙(變位法則)」으로 결정된다. 빈의 변위 법칙에 따르면, 빛의 파장(가장 밝은 빛깔의 파장)으로부터 그 온도가 추정된다. 손전등 빛의 빛깔은 온도에 의하여 결정되는 것이다. 빛 스펙트럼의 가장 밝은 곳의 파장을 구하면 계산으로 그 온도를 알 수 있다.

별에 대해서도 이처럼 말할 수 있다. 가장 강한 빛의 파장에서 그 온도를 계산해낼 수 있다.

그러나 여기에는 고려해야 할 인자가 또 하나 있다. 그것은 별의 운동이다. 우주의 팽창에 따라 먼 곳의 별은 태양계를 벗어나는 방향으로 움직이고, 움직이면서 우리 눈에 빛을 보내고 있다. 그 속도가 작다면 별일 없겠지만 상당히 큰 경우에는 파장이 꽤 길어진다. 즉 그 빛이 붉은 쪽으로 기운다. 이것을 「적색편이(赤色偏移)」라고 한다. 먼 곳의 별빛은 빈의 변위법칙으로 결정되는 빛깔보다 많든 적든 간에 붉은 쪽으로 기울고 있는 셈이다. 다소 과장된 이야기나, 별의 빛깔은 온도와 속도에 의해 결정된다고 해두자. 적색편이에서 거꾸로 별의 운동 속도를 계산할 수 있다. 우주의 팽창도 실제로 모든 별에서 적색편이가 보였기 때문에 이루어진 추론이었다. 별빛이 우주의 팽창을 알린 셈이다.

어두운 밤에 누가 손전등을 들고 이쪽으로 비췄다고 하자. 그 밝기를 보고 대충 거리를 짐작할 수 있을 것이다. 그 짐작은 빛의 밝기를 기준으로 한 것이다. 같은 강도의 빛을 내는 별일지라도 먼 곳에 있으면 밝기는 떨어진다. 또 같은 거리에 있어도 강한 빛을 내는 별은 밝게 보인다. 결국, 별의 밝기는 절대광도와 거리에 의해 결정된다.

별의 밝기는 크게 6등급으로 나뉜다. 이것은 기원전 2세기에 그리스의 천문학자 히파르코스가 정한 것이다. 옛날에는 밝은 별은 큰 별이라고 생각하였다. 16세기의 대천문학자 티코 브라헤는 밝기에서 겉보기의 지름을 추정하였다.

별의 등급은 밝기의 비로 결정된다. 6등성의 2.5배 밝은 별을 5등성, 5등성의 2.5배 밝은 별을 4등성으로 한다. 1등성은 6등성의 100배의 밝기가 된다. 1등성의 2.5배 밝은 별을 마이너스 1등성으로 한다. 하늘에서 가장 밝은 항성 시리우스는 마이너스 1.5등성이다. 가장 가까이 접근했을 때의 화성은 마이너스 3등성, 초저녁과 새벽의 샛별은 마이너스 4등성이다. 10W의 백열전등은 1㎞ 떨어져서 마이너스 1.5등급, 31㎞ 떨어지면 6등급이 된다.

49. 태양 에너지를 어떻게 이용할 수 있을까?

태양은 불덩어리처럼 눈부시다. 아이들은 곧잘 태양에서 무엇이 타고 있느냐고 묻는데, 옛날 사람들은 이에 대답할 수 없었다. 20세기에 들어서서도 상당한 시일이 흐를 때까지, 어떤 과학자도 그 에너지원에 관해 한마디의 말도 없었다. 이를테면 큰 신비에 싸여 있었다. 태양을 신으로 받든 고대인을 웃을 수

104

만은 없으리라.

모든 신비가 그러하듯이 태양 에너지의 신비도 과학 앞에서는 별수 없었다. 거기에 갈 수도, 그 근처에 가까이 갈 수도 없는 불덩어리에 관해 이제는 과학자가 당당하게 이야기할 수 있게 되었다. 이야말로 진정한 과학의 성과라고 할 수 있다. 더 자세히 말하면 퀴리 부인으로부터 시작된 방사능 연구 덕분이며, 아인슈타인의 상대성원리 덕택인 것이다.

여하튼 태양이 방출하는 에너지의 양은 막대하다. 이것을 계산하려면 지구가 받는 에너지양을 생각하면 된다. 그것도 대기에 의한 흡수를 고려해야 하므로, 대기 밖에서 받는 양으로 한다. 그러면 일광에 직각인 $1cm^2$의 평면에 대해 1분간 2kcal가 된다. 이것은 태양에서부터 1억 5천만km 떨어져 있으므로, 반지름 1억 5천만km의 구면의 $1cm^2$가 1분에 2kcal의 에너지를 받는 셈이다. 태양은 1분에 이 구(球)의 표면적에 2kcal를 곱한 만큼의 에너지를 방출하고 있는 셈이다. 면적의 단위는 물론 cm^2이다. 이것을 계산해 보면 565,000,000,000,000,000,000,000,000cal, 즉 565,000,000조 kcal가 된다. 이것을 석유로 대신한다면, 1분에 5,650억 메가톤이 된다. 태양에 석유가 있을 까닭도 없지만, 요컨대 보통의 연료로써 이만큼의 에너지를 얻는 것은 절대적으로 불가능하다. 태양은 이미 50억 년이나 계속하여 이 정도의 에너지를 방출하고 있다. 그러므로 이것은 아무래도 원자핵 반응이 아니면 안 된다는 결론이 나온다. 태양의 주성분이 수소인 것을 생각하면 거기에 있는 에너지원은 수소의 핵융합로가 되지 않을 수 없다. 태양에서는 수소의 원자핵이 융합하여 헬륨의 원자핵으로 된다. 이때의 질량 결손으로부터 이 막대한 에너지가 발생하는 것이다. 이 이론을 쌓아 올린 사람은 미국의 한스 베테이며 1938년의 일이다.

지구에 퍼붓는 태양 에너지는 미미한 것일 텐데도 실감으로는 무시할 수 없는 양이다. 이 에너지는 지상에서 발생하지 않아도 되는 것이니까, 공해도 없고 청정에너지라고 불린다. 이것을 최대로 이용하는 연구가 있어야 하겠다.

50. 태양의 집이란 무엇일까?

태양의 집이란 「태양열의 집」이다. 태양의 집에서는 냉난방도 더운물도 태양열로 처리한다. 물론 이것을 설비하기에는 비용이 들지만, 유지비가 거의 들지 않으므로 총계를 따지면 열에 드는 경비가 싸게 먹는다. 또한 오염물질을 내놓지 않으니까 환경보호에 기여한다. 태양 에너지야말로 진정한 「청정에너지」인 것이다.

「냉장고」의 항에서도 말했지만, 클라우지우스가 제창한 「열역학의 제2법칙」에 의해, 태양의 집은 포집한 열보다 높은 온도를 만들 수 없다. 태양의 집이 태양열을 포집하는 것은 지붕 위에 있는 물이다. 이 수온이 100℃ 이하라면, 그것이 태양의 집이 얻을 수 있는 온도의 상한이 된다. 그보다 높은 온도가 필요한 때에는 보조 에너지를 딴 데서 구할 수밖에 없다. 물을 끓일 때, 요리할 때에는 전력이 필요하다. 전력이 있으면 진공청소기도 전기냉장고도 사용할 수 있다.

보통 태양의 집이라고 불리는 집에서는 태양열을 열 그대로 포집하는데, 태양전지를 옥상에 설치하면 태양열을 전력으로 바꾸어 포집할 수 있다. 인공위성이 아니라도 예컨대 고립된 등대

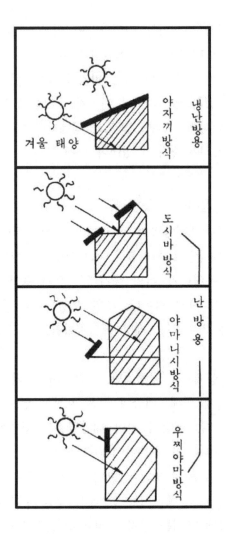

장기적 효율이 발표된 태양의 집

에서 이 방식을 쓰고 있는데, 시설비용이 막대하게 들어 유지비
는 들지 않더라도 손대기가 좀 어렵다. 우선 전력을 저축할 전
지가 문제인 것이다. 그러므로 결국 전력이라는 깨끗하지 않은

에너지를 보조로 사용해야 한다. 그렇다고 해서 태양의 집의 가치가 떨어지는 것은 아니다. 어쨌든 집열판 $1m^2$당 1일 평균 반 컵의 석유에 해당하는 열을 얻을 수 있으니까 말이다.

태양의 집의 문제점은 집열판과 축열 장치이다. 집열판의 여러 가지 모양을 다음 그림을 통해 나타냈다. 축열 장치는 도시바 방식에서는 열을 공기를 통하여 잘게 부순 돌조각을 가열한다. 야마니시 방식에서는 지반(地盤)의 흙을 가열한다. 이 밖의 방식에서는 뜨거워진 물을 탱크에 저장하여, 이것을 조금씩 꺼내 사용한다.

51. 사진은 누가 발명하였을까?

다게르는 어려서부터 그림을 좋아했다. 어느 날 그는 상자 속에 그림을 넣고 여러 가지로 조명을 바꾸어 그것을 낮의 경치, 밤의 경치로 보이게 하는 장치를 만들었다. 이 「디오라마」는 상당한 호평을 받았다. 아직 전등도 발명되지 않은 1822년 프랑스에서 한 이야기이다. 물론 영화도 텔레비전도 없던 시대의 일이다.

다게르는 디오라마의 초벌 그림을 그릴 때 어둠 상자를 사용하였다. 이것은 상자 옆구리에 렌즈가 있고, 천정이 젖빛 유리로 되어 있다. 그리고 렌즈에서의 빛을 천정에 비치게 하는 반사경이 비스듬히 장치되어 있다. 오늘날 카메라의 리플렉스 방식이다. 그는 이 어둠 상자의 렌즈를 목표로 하는 경치로 향하게 하고, 천정에 얇은 종이를 놓고 연필로 투사하였다.

어느 날 다게르는 젖빛 유리에 비친 경치를 영구히 보존할 수 없을까? 생각하였다. 그러기 위해서는 우선 좋은 렌즈가 있어야겠다고 생각한 그는, 파리의 일류 광학 기계점을 찾아 그 주인과 이야기하는 중에 그와 같은 뜻을 품은 사람이 있다는 것을 알았다. 그리하여 니엡스라는 노인을 소개받아 함께 사진 발명에 착수했다.

당시 취미로 석판에 그림을 새기는 것이 유행하였는데, 니엡스도 열심이었다. 그는 초벌 그림을 아들에게 그리게 하였는데, 그 수고를 덜었으면 하고 생각하였다.

니엡스의 목적을 위해서는 감광성과 부식성이 있는 니스를 찾아내, 그것을 석판에 발라볼 필요가 있었다. 석판이 부적당하다고 생각한 그는 은판에 착안하였다. 여기에 기름에 갠 아스팔트 분말을 발랐다. 이 은판을 어둠 상자에 넣고 8시간 노출하니까 경치가 부식되었다.

이 사진은 명암 대비가 약했다. 그는 게이뤼삭이 발견하여 떠들썩하던 아이오딘을 시험 삼아 그것에 발라보았다. 기대는 수포가 되었지만, 희끄무레한 막이 생기고 그 빛깔이 점점 검게 변하는 것을 보았다. 아이오딘과 은이 화합된 아이오딘화은의 감광성이 우연히 발견된 것이다. 이것은 그가 다게르를 만나기 5년 전인 1824년의 일이다.

공동연구가 시작된 5년 후, 니엡스는 68세로 별세하였다. 그후 다게르는 혼자 힘으로 발명에 전념하여 1838년 드디어 실험에 성공하고, 이것을 다게레오타이프라고 명명하였다.

다게레오타이프는 은판사진이다. 동판에 은도금하고, 여기에 아이오딘 증기를 댄다. 그러면 아이오딘화은의 피막이 생긴다. 이 강한 감광성이 주어진 은판을 어둠 상자에 넣고 노출한다.

어느 날 그는 노출이 된 동판을 장에 넣었다. 후에 꺼내 보

니까, 상(像)이 나타나 있었다. 조사해본 결과, 장에 흘린 수은
증기의 작용임을 알았다. 그 후로 수은 증기에 의한 현상이 채
택되었다. 정착에 하이포를 사용하는 현재의 방법도 다게르의
발명이다.

VI. 미시세계의 과학

—또 하나의 우주를 탐색한다

52. 유전자란 어떤 것일까?

유전이란 자식이 어버이를 닮는 것이다. 어버이에게서 물려받은 「무엇인가」가 있어서, 어버이를 닮은 자식이 생긴다고 생각해도 무방할 것이다. 그리고 그 「무엇인가」를 유전자라고 하면 어떨까?

예로부터 핏줄이라는 말이 쓰인다. 개에게는 「혈통서」라는 것이 있다. 이것은 유전자가 혈액 속에 있다는 가정하에서 이루어지는 일이다.

과학자가 유전자라고 할 때 그것은 초자연적인 것이 아니고 물질이다. 물질의 종류든 분자구조 등을 연구하는 과학은 「화학」이다. 유전자가 물질이라면, 그 분자는 생체를 구성하는 세포의 화학분석으로 나와야 한다. 여기까지 깊이 파고들지 않고는 유전 과학은 멘델의 범위를 넘을 수 없는 것이다.

세포에는 그 중심에 「핵」이 있다. 유전자는 이 핵 속에 들어 있는 것으로 보였다. 또 핵에는 특유한 산, 즉 핵산이 있다. 이 핵산이 유전자와 관계있으리라고 보였다. 여기에서 디옥시리보핵산, 또는 DNA로 불리는 핵산분자의 연구가 필요하게 되었다.

여기에 등장한 사람이 왓슨과 크릭이라는 젊은 한 또래이다. 그들은 DNA 분자의 형태를 밝히고, 나아가서 그것이 유전자로의 기능이 있음을 밝혔다. 유전자의 정체가 드러난 것이다. 1953년의 일이다.

크릭은 또한 「생명의 중심 원리」를 발견하였다. 이것은 DNA 형태로 되어 있는 유전정보가 RNA(리보핵산)에 복사되어, 그 암호가 해독되어서 단백질을 만든다는 내용이다. 우리가 부모에게서 배운 것은 단백질의 구조를 지령하는 암호뿐이라는 것이다. 그 단백질이란 「효소 단백」, 즉 「효소」이다. 비들-테이텀의 법칙이라고도 하는 「1유전자 1효소설」이 보다 높은 수준으로 뒷받침되었다고 할 수 있겠다. 요컨대 자식이 부모에게서 받은 것은 효소를 만드는 방법의 암호에 지나지 않는 것이다.

「생명의 중심 원리」가 발표된 1958년에 분자생물학이라는 과학이 탄생하였다. 이것은 DNA를 토대로 하는 생물학을 말한다. 유전자를 바꾸어 짜는 일이 최근 문제가 되고 있는데, 이것은 분자생물의학 분야이다. 돌연변이 등은 분자생물학으로 명쾌하게 설명할 수 있게 되었다. 암 이론도 분자생물학상의 문제로 보게 되었다.

1970년대에 들어서서는 의학 기초교육에 분자생물학을 넣게 되었다. 그리고 분자교정의학(分子矯正醫學)이라는 새로운 의학이 폴링에 의하여 완성되었다.

DNA의 발견은 20세기 최대 발견의 하나이며 그 영향은 예측할 수 없다.

53. 세균은 어떤 얼굴을 갖고 있을까?

꽤 심술궂은 질문이라 하겠다. 이렇게 되면 대답도 뒤틀리게 된다. 독자 중에 세균에게도 얼굴이 정말 있느냐고 생각하는 사람이 있다면 곤란하니까 우선 분명히 해둔다. 세균은 단세포 식물이며, 편모(鞭毛)라고 하는 채찍 같은 털이 있는 것은 있으나 머리, 얼굴, 몸통 등을 구별할 수 있는 것은 없다. 그러므로 여기에서 세균의 얼굴이란 세균의 생김새를 말하는 것으로 하자. 자명한 이이기는 하지만 이런 뜻의 「얼굴」이 세균에 있는

114

것은 자명한 일이다. 가령 이질균이 체내에 침입하였다 하자.
이때 아마 체내에는 이질균에 대항하는 항체가 나타난다. 이
항체는 티푸스균이나 포도구균 등을 대상으로 하는 것이 아니
고, 이질균만을 대상으로 한다. 이 사실은 이질균에는 이질균
특유의 얼굴이 있음을 증명해 준다.

이질균이 체내에 침입하면 「이질균이 들어왔다」는 정보가 항
체제조본부에 전달된다. 거기에서는 이 이질균에 대한 항균체
의 제조가 시작된다.

이 시스템을 면역감시기구(免疫監視機構)라고 하는데 이것을
해명한 사람은 오스트레일리아의 버넷이다. 이 연구로 그는
1960년도 노벨 생리학·의학상을 받았다.

면역감시기구는 「비자기(非自己)」의 발견에서 시작된다. 비자
기란 자기가 아닌 물질을 말한다. 이질균도 티푸스균도 자기가
아니다. 항원이라 불리는 것은, 즉 비자기를 말하는 것이다. 면
역감시기구는 우선 비자기를 판별하고, 그 비자기가 무엇인지
알아낸다. 그렇지 않고서는 항체라는 고도의 작용을 하는 물질
을 만들 수 없을 것이니까.

이렇게 생각하면 세균에는 그 종류에 따라 다른 얼굴이 있을
것이 더욱 분명해진다. 결국 세균에는 그 종류의 특유한 얼굴
이 틀림없이 있을 것이다.

세균은 식물이니까 얼굴이 나타나는 것은 「세포벽」이라고 불
리는 부분에 해당한다. 세포벽은 식물세포 특유의 것이며, 동물
에게는 없다. 그리고 세포벽의 재료는 다당체(多糖體)이다. 다당
체는 각종 당이 중합된 것이며, 녹말, 셀룰로스(섬유소), 펙틴
등 그 종류는 무한이라고 할 수 있다. 녹말, 셀룰로스라 해도

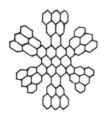

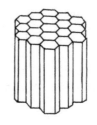

가로로 발달한 결정   세로로 발달한 결정

그 분자구조는 식물의 종류와 기관(器官)에 따라 다르다. 다당
체는 긴 사슬 모양의 분자로 되어 잔털처럼 돌출해 있는 경우
도 있다.

이렇게 생각해보면 세균의 얼굴은 사람의 얼굴만큼이나 복잡
한 것이다. 세균의 얼굴은 사람의 얼굴과 달리, 재료인 다당체
의 분자구조가 문제이다. 역 구내 등에서 범죄인의 몽타주 사
진을 볼 때가 있는데, 면역감시기구도 그런 식의 자료를 실마
리로 삼아 범인에 대한 감시를 계속하고 있다.

54. 눈의 결정은 왜 육각일까?

눈의 결정을 관찰한 최초의 사람은 일본인인 듯하다. 도쿠가
와(德川) 시대인 1832년에, 도이(土井利位)가 「설화도설(雪華圖
說)」을 썼다. 현미경을 이용한 것이었다. 서양에서의 결정형의
분류연구는 오래되었으며, 눈의 결정이 육방정계(六方晶系)에
속한다고 하였다. 결정의 필연(必然)에 관해 질문한다면 대답이
막힌다. 여기까지 파고든 이는 마리 퀴리의 남편인 피에르 퀴
리였다. 그는 결정의 형태를 에너지론으로 설명하였다. 즉, 각

결정은 그것을 구성하는 분자의 에너지가 최소의 형태를 취한다는 법칙을 제창한 것이다.

가령 여기에 육각형의 틀을 허리에 찬 사람이 많이 있다 하자. 이 육각형의 정점에는 NSNSNS로 6개의 자극(磁極)이 붙어 있다 하자. 이 사람들이 서로 가까이 가면 자력에 의해 맞붙을 것이다. 한 사람을 중심으로 하여 그 주위에 육각형의 틀이 몇 개이고 붙으면 육각형의 집합이 생길 것이다. 주위에서 붙는 상태가 일정하다면 거기에 만들어진 집합형은 하나의 축 대칭(軸對稱)을 갖는 육 방향으로 발달한 형태가 이루어질 것이다. 이것이 곧 육방정계 결정의 모형이다.

이 모형에서 중심이 되는 사람의 허리의 틀의 6개의 정점에는 자극이 있어 자기장을 이룬다.

옆에 있는 제2의 사람도 같은 자기장을 갖고 있다. N과 S의 두 자극이 붙었을 때, 그것들이 떨어져 있었을 때와 비교하면 에너지가 작아진다. 서로 인력을 미치게 하는 것들은 멀리하면 에너지가 커지고, 붙으면 에너지가 최소로 된다. 이 설명은 퀴리의 법칙을 설명하는 것이다.

결정을 구성하는 분자의 인력은 물론 자력은 아니다. 이것은 '분자간력(分子間力)'이라고 하여 모든 분자 사이에 작용하는 힘이다. 이것을 '판 데르발스 힘'이라고도 한다. 여기서 말하는 사람은 물론 얼음분자를 말한다.

눈의 결정은 얼음분자가 한 겹으로 늘어선 것은 아니고 두께를 갖고 있다. 이를테면 이 사람들은 머리 위, 발밑이 겹쳐진 셈이다. 분자간력이니까 이것이 가능한 것이지 자력으로는 이렇게 될 수는 없다. 여기에서 당연히 상상되는 일이지만, 옆으

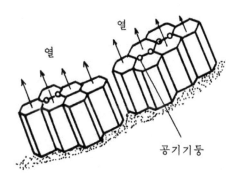

로가 아닌 머리 위나 발밑 방향으로 겹쳐지는 일도 있으리라는
것이다. 사실 눈의 결정에는 육각주(柱)인 것도 있다.

55. 서릿발은 왜 지면에 직각인 기둥으로 될까?

서릿발이 보이는 지역은 한정되어 있다. 더운 지역이나 적설
이 많은 지역에는 없다. 그뿐 아니라 토양이나 기상에도 조건
이 있으므로, 서릿발은 희귀한 현상이다. 그러므로 이에 대한
연구는 서양에는 없다. 교과서에 기재된 내용은 필자가 중심이
되어서 1935년경에 자유학원 과학그룹에서 이루어 낸 것이다.

토양학에서는 흙의 입자가 지름 0.05~2mm의 것을 모래라
하고, 지름 5~50미크론의 것을 실트(沈泥)라고 한다. 그리고
이 양자가 거의 같은 양으로 섞인 것을 롬(壤土)이라 한다. 서
릿발은 롬이 유기물을 함유하고 경단같이 되어 있는 흙에서 잘
생긴다.

야간에 지면으로부터 열의 방사가 왕성해지면, 땅속의 열은
지표를 향하여 흐른다. 이 흐름의 방향은 지면에 직각이다. 지
면이 20° 경사로 되어 있으면 열이 흐르는 방향도 수평에서

20° 기울어서 지면에 직각이 된다. 여기에 서릿발이 생긴다면 이 방향으로, 즉 지면에 직각으로 생긴다. 서릿발의 결정은 열이 흐르는 방향으로 성장하는 셈이다.

서릿발의 주상(柱狀: 기둥의 모양) 결정은 육각주로 정해져 있는 것은 아니나 육각주가 많다. 이 육각주의 축을 주축이라 한다. 얼음 결정에서는 주축 방향으로 열전도율이 크다. 그러므로 주축을 지면에 직각으로 향하게 하는 것은, 주축을 열전도 방향으로 향하게 하는 것과 같다. 서릿발은 지면에서 열이 빠져나가기 좋게 성장하므로 지면에 직각이 된다고 할 수 있다.

지면의 열이 서릿발을 통해 빠져나갈 때, 그 열은 물이 얼음이 되느라고 내놓는 열로 충당된다. 열이 빠져나가도 서릿발 온도나 지면의 온도는 변하지 않는다. 물이 얼음이 된다는 것은 지면에서 스며 나온 물이 응고하여 서릿발 밑 부분을 이어댄다는 뜻이다. 서릿발은 지면에 접한 곳에서 성장한다. 그러나 잃게 되는 열량이 어느 한도를 넘으면, 물이 지표로 스며 나오는 것이 따르지 못해 땅속으로 얼어들어가 서릿발이 자라지 못한다.

겉보기에 하나로 보이는 서릿발은 다수의 주상결정(柱狀結晶)의 집합체이다. 그러므로 그 모양이 일정치 않다. 하나하나의 결정이 육각주일지라도 그것이 집합된 기둥 모양은 육각형도 아무것도 아니다.

서릿발의 재료가 되는 땅속의 물에는 다소간의 공기가 녹아 있다. 그 물이 얼음이 될 때는 공기를 따돌리기 때문에, 결정과 결정 사이에 공기 기둥이 되어 끼어든다. 서릿발을 밟았을 때의 소리는 결정이 부서지는 소리는 아니다.

56. 수온은 왜 섭씨 100° 이상이 되지 않을까?

물은 분자의 집단이다. 그 분자는 저마다 제멋대로 움직인다. 그 운동속도는 온도가 높을수록 크다. 그러나 어떤 온도의 물 분자 하나하나를 보면 그 속도는 한결같지 않다. 빠른 것도 있고 느린 것도 있다. 그 속도의 제곱 평균을 보면, 그것은 물의 온도(실은 절대온도)에 비례한다. 온도가 높으면 분자 속도가 크다.

주전자에 물을 담아 불에 올려놓아 보자. 수온이 점점 높아지고 물 분자의 운동은 이에 따라 격렬해진다.

물 분자는 서로 끌어당기므로 그 간격은 대략 일정하다. 일정 간격을 유지하면서 물 분자는 꽤 자유로이 움직이고 있고, 다른 분자 사이를 빠져나가기도 한다. 그런데 그 속도가 어느 한도를 넘으면 옆 분자의 인력을 뿌리치고 움직인다. 그것이 물 표면의 분자이면 수면에서 공중으로 뛰어나간다. 이것이 증발이다. 물 전체에서 보면 유난히 운동이 격렬한 분자는 무리에서 벗어나는 셈이다. 만약 그것이 물속에 남아 있다고 하면, 그만큼 수온이 오를 것이다. 분자 속도의 제곱 평균값이 클수록 온도가 높기 때문이다.

이렇게 보면 유난히 움직임이 격렬한 분자가 물 밖으로 나감으로써 수온은 어느 한도 이상은 오르지 않게 되는 것이다. 그 온도가 100℃이다. 물의 온도가 100℃ 이상 오르지 않는 것은 이 때문이다.

고압 솥은 다른 솥으로는 얻을 수 없는 고온으로 끓이는 데 사용된다. 고압 솥이 특징은 증기를 빠지지 않게 한 데 있다. 그러므로 그 속의 증기압력은 1기압보다 높다. 또 수온도 100℃ 이상이다. 물의 온도가 100℃ 이상으로 되지 않는다는 우리의 상식은

120

수면을 내리누르는 압력이 1기압인 때에만 통용된다.

고압 솥의 내부압력이 높은 것은 수증기의 분자가 솥 벽이나 수면에 충돌하는 힘이 센 것으로 생각하면 된다. 수면 위의 공간에 있는 수증기 분자는 큰 속도로 움직인다. 이리하여 수면에서 뛰어나가려는 물의 분자를 압박하여 물로 되돌린다. 그러므로 물속의 분자의 평균속도는 1기압일 때에 비교해 빨라진다. 이렇게 되면 수온은 오를 수밖에 없다.

물에 걸리는 압력이 1기압일 때 수온은 100℃ 이상으로 오르지 않으나, 압력이 1기압 이상이면 수온은 100℃ 이상이 될 수 있는 것이다.

또한 수증기 분자는 물 분자와는 달리, 서로의 인력이 작용치 못할 정도로 멀리 떨어져 있으므로 참으로 자유롭게 떠돌아다닌다.

57. 전기에는 왜 (+), (−)가 있을까?

호박(琥珀)*을 마찰하면 전기가 생기는 것을 발견한 사람이 누구인지는 모른다. 다만 그 사실을 처음 글자로 남긴 사람은 알려져 있다. 고대 그리스의 탈레스이다. 그 후로 약 1000년간 이 현상에 특별한 관심을 두는 사람은 없었던 것 같다.

16세기 말 영국에 길버트라는 사람이 나타났다. 그는 마찰전기에 관한 각종 실험을 하고, 전기라든지 전기력이니 하는 말을 만들었다. 전기를 영어로 일렉트리시티(electricity)라고 하는데 이것은 그가 호박을 뜻하는 그리스어 엘렉트론(electron)에서

*지질시대 나무의 진 따위가 땅속에 묻혀서 탄소, 수소, 산소 따위와 화합하여 굳어진 누런색 광물

게리케의 마찰 발전기

따온 말이다. 그 후 다시 반세기 정도의 공백기가 계속된다.

17세기 중엽, 독일의 오토 폰 게리케가 사상 최초의 전기장치를 만들었다. 그것은 회전하는 큰 황으로 된 공이었다. 어두운 곳에서 여기에 손을 대면 일어난 전기 탓으로 희미하게 빛났다. 그는 이 실험을 황제에게 보이고 크게 체면을 세웠다.

18세기 초, 영국의 스테펀 그레이가 마찰전기의 성질을 조사하여 도체와 부도체가 있음을 알았다. 이것을 들은 프랑스의 샤를 드 페는 그레이의 실험을 해보고, 전기에 두 종이 있음을 알았다. 그리고 '유리전기', '수지전기'라고 명명하였다. 호박은 수지의 화석이라는 뜻이었다. 이것을 양전기(+), 음전기(-)로 바꾸어 부른 것은 번개 치는 날 연을 올린 것으로 알려진 미국의 벤자민 프랭클린이었다.

전기라고 하면 우리는 전선을 흐르는 전류를 생각하게 된다. 전기는 흐르니까 액체일 것이다. 그런데 그 액체가 플러스극에서 마이너스 극으로 흐르는 것이 하나뿐인지, 그렇지 않으면 마이너스 극에서 플러스극으로 향하는 제2의 액체가 있느냐 하는 문제가 쟁점이 되었다.

이 문제에 결말을 낸 것은 영국의 조지프 톰슨의 전자 발견 (1897년)이다. 전선 속의 전자는 마이너스의 전기를 갖고 움직이지만, 플러스의 전기는 움직이지 않는다. 전류란 마이너스 극에서 플러스극으로 향하는 전자의 흐름임을 알게 되었다. 플러스극에서 마이너스 극으로 흐르는 실체는 아무것도 없으나, 습관상 이것을 전류의 방향으로 한다.

유리를 명주로 마찰하면 유리의 전자 일부가 명주에 옮아간다. 그 결과 유리는 마이너스 전기가 부족하여 플러스로 대전 (帶電) 되고, 명주는 마이너스 전기를 받아 마이너스로 대전 되는 것이다.

58. 바이러스란 무엇일까?

증식과 자연사(自然死)가 생물의 특성이라고 하면, 증식만 있고 자연사가 없는 것은 생물이 아니다. 생물과 무생물과의 경계에 있는 것이라고도 하겠고, 반생물이라고 할 수 있다. 바이러스란 그런 것이다. 바이러스는 라틴말로 '독'을 뜻한다.

19세기 말, 독일의 세균학의 영웅 로베르트 코흐의 제자인 프리드리히 뢰플러가 소의 구제염(口蹄炎)을 연구하고 있었다. 이것은 구내염(口內炎)과 손가락 사이의 피부염을 특징으로 하며 고열을 내는 악성 전염병이다. 그는 환자의 환부 물집에서 주사기로 뽑은 액을 세균여과기로 걸렀다. 이 여과액을 현미경으로 아무리 검사해도 그 속에 미생물은 보이지 않았으나, 이

로베르트 코흐

것을 소에게 주사하면 영락없이 발병하였다. 그러나 이것을 배양기에 넣어보아도 아무것도 나오지 않았다. 뢰플러에게는 큰 수수께끼였다. 그래서 그는 다음과 같은 견해를 발표하였다.

「이 여과액에 들어 있는 것은 세균의 독소가 아니면 세균보다 작은 미생물이다. 그러나 감염에 필요한 양이 매우 적은 것을 보면, 독소로 보기보다도 자기증식성을 현미경으로도 볼 수 없을 정도로 작은 미생물이라 해야 할 것이다. 지금까지 병원체를 결정하지 못하고 있는 천연두, 우두, 성홍열, 홍역, 발진티푸스 등도 이 미생물에 기인하는 것이 아닐까?」

이것은 1898년의 발표인데, 다음 해 네덜란드의 마르티누스 베이에링그는 담배모자이크병도 여과성임을 발표하였다.

훨씬 후 1935년, 미국의 웬델 스탠리는 모자이크병에 걸린 담뱃잎으로 짠 즙에서 침상(針狀)결정을 추출하여 이것이 병원(病原) 바이러스라는 견해를 발표하였다. 이 결정은 단일 바이러스는 아니고, 많은 결정의 집합체로서 광학현미경에 비친 것이었다.

당시 겨우 실용화된 전자현미경은 많은 바이러스가 이십면체나 막대 모양의 결정으로 되어 있음을 보였다. 그러나 바이러스가 모두 결정이라고는 할 수 없다. 결국 바이러스라는 생물은 DNA 또는 RNA가 단백질의 옷을 입고 있는 것임을 알았다. 이것이 세포에 침입할 때에는 옷을 벗고 들어간다. DNA에는 유전 정보가 들어 있고, RNA는 그 복사본인 셈이며, 이것이 인간 본래의 DNA 또는 RNA를 배제하고 제멋대로 행동한다. 이것이 바이러스 감염이다. 감염된 세포가 분비하는 이상 물질이 작은 혈관을 상하여 염증을 일으키고, 동시에 체온 중추를 자극하여 발열케 한다. 바이러스의 침입구는 코, 입, 상처 등이다.

59. 암의 특효약, 인터페론이란 무엇일까?

도쿄(東京) 대학 전염병 연구소의 나가노(長野泰一) 교수는 바이러스를 재료로 각종 실험을 하고 있었다. 바이러스성 질환에는 감기를 비롯하여 인플루엔자, 헤르페스, 광견병, 홍역, 유행성이하선염(골골이), 일본뇌염, 폴리오(소아마비), 풍진 등 까다로운 병이 많다. 이런 각 전염병에 대한 대책을 마련하는 것이 전염병 연구소의 사명이다.

바이러스 감염증 연구에는 동물이 사용된다. 토끼의 피부에 물집을 만드는 종두용 바이러스로 그는 동물 실험에 몰두하고 있었다.

1954년의 어느 날, 그는 비활성화한 종두용 바이러스 액을 토끼의 피부 내에 접종하여 보았다. 그리고 다음 날 또, 같은 곳에 비활성화하지 않은 종두용 바이러스를 접종해 보았다. 당연히 물집이 생길 터인데, 그것이 전혀 보이지 않았다.

비활성화 종두용 바이러스의 제법은 이러하다. 우선 활성 종두용 바이러스를 토끼에 접종하고, 수일 후 감염 피부조직을 떼어 짓이겨 만든 유액에 자외선을 쮠다. 이것이 발병저지 효과가 있었다는 것이었다.

가령 이 유액을 비활성화 전에 원심분리기에 걸어 이렇게 생긴 침전물에 자외선을 쮠면 감염저지 효과는 없어진다. 침전물의 내용은 주로 바이러스 그 자체이다. 그런데 윗물은 자외선을 쮠도, 여전히 발병저지 효과가 있었다. 그뿐만 아니라 이 윗물에는 상대와 관계없이 종류가 다른 바이러스의 범행도 저지시키는 작용이 있음이 알려졌다. 나가노 교수는 「우물에는 발병저지 작용이 있는 어떤 것이 함유되어 있다」는 결론을 내리고, 이것을 「바이러스 억제인자」라고 부르기로 했다. 이 인자는 「항체」와는 다르다.

일반적으로 두 종의 바이러스가 같은 동물에 침입하면, 한쪽 또는 양쪽의 증식이 억제된다. 이 현상을 바이러스의 간섭이라고 일컬어왔다. 나가노 교수는 이 현상을 연구하고 있었다.

영국의 아이작스, 린데만 두 사람은 일본인의 연구를 무시한 듯이 나가노 박사가 발견한 바이러스 억제인자야말로, 간섭의 원인 물질이라고 생각하고 여기에 인터페론(간섭 인자)이라는 이름을 붙였다. 그것이 지금 세계에 통용되고 있다.

인터페론은 바이러스 감염증을 억제할 수 있다. 인플루엔자는 물론 보통의 감기나 암도 인터페론만 충분히 있으면 방지할 수 있고 치료할 수도 있을 것이다. 인터페론은 단백질이며, 이것을 자체 생산하는 데는 비타민C가 필요하다. 그러므로 충분

126

한 단백질과 비타민C가 있으면 암도 인플루엔자도 폴리오도 감기도 덜 무섭게 될 것이다.

60. 벤젠의 거북등무늬는 어떻게 발견되었을까?

1865년의 어느 날 밤, 독일의 화학자 케쿨레는 이상한 꿈을 꾸었다. 회고담에 의하면

「원자 무리가 뒤로 물러갔다. 이런 정경이 반복되는 동안에 내 눈은 예리해져서 그 군상을 똑똑히 볼 수 있게 되었다. 무리는 긴 줄처럼 되어 뱀처럼 꿈틀꿈틀 움직였다. 무엇일까 하고 생각하는 중에 한 마리의 뱀이 자기 꼬리를 입에 물고, 나를 조롱하듯이 눈앞에서 다발을 틀었다. 이때 나는 벼락을 맞은 듯이 놀라 깨었다. 이것을 힌트로 나는 가설을 정리할 수 있었다」

이 가설이란 거북등무늬 가설이다. 즉 6개의 탄소 원자가 육각형이 되게 결합한 것이 벤젠의 분자구조라는 가설이다. 거북등무늬는 질색이라는 사람이 많으나, 1세기 후인 지금에도 우리를 괴롭히는 그것이 꿈의 제시였다는 것은 재미있는 일이다.

벤젠의 발견은 퍽 오래되었다. 영국에서는 1810년부터 석탄가스를 등불로 쓰기 시작하였는데, 그로부터 10년쯤 후에 어떤 가스회사가 고래기름을 열분해하여 도시가스를 만들기 시작하였다. 이 공장에서 알지 못할 액체가 파이프 속에 고였다.

이 액체의 규명에 나선 사람이 패러데이이다. 그는 이것을 정제하여 탄소와 수소의 화합물을 뽑아냈다. 이것은 1825년의 일인데, 이 새로운 물질은 후에 「벤젠」이라고 명명되었다. 이 벤젠의 분자구조가 케쿨레에 의하여 밝혀진 것이다.

얼마 후 벤젠이 콜타르 속에 대량으로 함유된 것을 알게 되

고, 퍼킨이 벤젠에서 보라색의 아름다운 염료 모브를 만들게
되자 벤젠의 가치가 갑자기 올랐다. 이것은 1856년이 일이며,
이 분자구조의 수수께끼는 10년 가까이 케쿨레의 머릿속에 맴
돌았다. 그동안 각종 타르색소(아닐린 염료)가 발견되어 케쿨레
를 자극한 셈이다.

케쿨레의 부친은 건축가였다. 그런 관계로 그도 건축을 배웠
다. 부친의 설계를 도운 일도 있었다. 아마도 케쿨레가 건축물
의 아름다움을 벤젠 분자의 건축에서 본 것이 아닐까?

그건 그렇다 해두고, 그가 꾼 꿈 이야기는 자신이 써서 남긴
것은 아니고, 1890년 베를린에서 개최된 벤젠 25년 축제의 축
하 석상에서 그가 말한 것이다.

벤젠의 분자구조가 밝혀진 것은 유기화학 발전에 획기적인
영향을 미쳤다. 그 거북등무늬를 갖는 화합물은 방향족화합물
이라고 불리게 되었다. 그리고 벤젠이나 그것에 가까운 나프탈
렌이나 안트라센 등에서 각종 의약, 염료가 만들어지게 되었다.

VII. 주변의 과학

—우리는 어떤 과학에 둘러싸여 있을까?

61. 커피는 카페인이 들어 있어서 해로울까?

담배를 좋아하는 사람은 그것이 건강에 해롭다고 해도 쉽사리 끊지 못한다. 커피가 건강에 해롭다는 이야기는 여태까지 없었다. 그러므로 카페인에 발암성이 있다고 말해도 커피를 즐기는 사람은 그것을 끊지는 않을 것이다.

그렇다면 나도 부담 없이 커피 해독에 관해서 말할 수 있다. 사실은 나도 커피 애호가인데, 카페인에 대해 신경을 쓰지 않는다.

우선 카페인의 발암성 문제인데, 이것은 AF2나 사카린과 더불어 그 수준은 최저이다. 담배나 배기가스에 함유된 3.4벤츠피렌보다 2자리 낮고, 곡물에 부착하는 곰팡이의 독인 아플라톡신이나 단백질이 탄 것에 함유된 감마카르보민산보다 4자리나 낮다. 거꾸로 말하면, 탄 생선의 발암성은 커피의 발암성에 비해 수만 배가 된다는 계산이다. 그러니까 암이 무서워서 커피를 끊는다면 우스운 이야기가 된다.

그보다도 커피의 가치를 잘 인식하는 것이 좋겠다. 그것은 노벨상을 받은 사잘런드가 연구한 「사이클릭AMP」라는 물질을 알아보는 일이다. 이 물질은 세포에 활력을 주는 역할을 한다. 뇌세포의 각성도를 높여 머리를 맑게 한다.

사이클릭AMP도, 성호르몬도, 알코올도, 아스피린도 우리의 몸에는 이것들을 분해하는 작용이 있다. 이것을 약물대사(藥物代謝)라고 하는데 카페인에는 이것을 저지하는 작용이 있다. 이것을 약물대사 저해작용이라 해도 좋다. 카페인에는 그것이 있는 것이다.

그러므로 커피를 마시면 사이클릭AMP의 약물대사가 저해된다. 머리가 맑아지는 것은 그 때문이다. 자기 전에 커피를 마시면 잠이 안 온다는 것도 그 때문이다.

감기약이나 두통약에 흔히 카페인이 들어 있다. 카페인이 약제의 약물대사를 저해하므로 약의 작용이 오래 지속한다. 이는 약을 장시간 작용시키기 위한 카페인인 것이다.

또 하나, 커피에는 커피산이 들어 있다. 여기에는 항산화작용(抗酸化作用)이 있다. 우리 체내에서는 좋지 않은 산화가 이곳저곳에서 일어난다. 이것을 방지해주는 것은 고마운 일이다. 커피 말고도, 녹차에는 클로로겐산, 홍차에는 플라본 등 식후 음료에는 모두 항산화작용이 있는 물질이 함유되어 있다. 우연의 일치이겠지만 흥미 있는 사실이다.

또 커피에는 비타민 B_6 가 들어 있다. 이 비타민은 조혈(생물체의 기관에서 피를 만들어 냄)에도 관계있고, 단백질대사에도 관계된다. 양식 후의 커피는 육류 단백질대사를 위해 바람직하다.

커피당이 아니라도 커피의 장점은 그 결점을 감싸는 것을 알아야 하겠다.

62. 홍차와 커피 중 어느 쪽이 좋을까?

차를 마시러 가는 것은 즐거운 일이다. 이때의 「차」란 녹차는 아니고 커피 아니면 홍차를 지칭하는 것이 상식인 듯하다. 넓게 말하면 콜라나 주스류도 포함되는 것이겠지만 좁은 뜻으로는 카페인 음료를 지칭하는 듯하다.

미국에서는 회사에서도 가정에서도 곧잘 커피를 대접한다. 커피냐 홍차냐고 물어보는 일은 없다. 묻는다면 커피에 크림을

132

넣느냐 마느냐 뿐이다. 그 커피가 내 구미에는 맞지 않아 쩔쩔 맸는데, 마시고 나면 또 부어준다. 이 습관이 미국인 생활에 얼마나 도움이 되고 있는지는 모르지만, 일본의 회사, 가정에서도 녹차 등으로 이와 비슷한 일을 하고 있으니 시비는 그만하자.

홍차에는 항산화작용이 있는 플라본이 함유되어 있다. 이 물질은 비타민P라고 불리는 물질 그룹에 속한다. 그러므로 홍차를 마시는 것은 모세혈관의 투과성을 좋게 하는 것이 된다. 모세혈관벽의 정상화에는 비타민C와 P와 있으면 된다고 하는데 홍차에는 비타민C는 없다. 홍차에 흔히 레몬을 넣는데, 이것이 비타민C를 첨가하기 위한 것이라면, 예부터의 습관에 무시 못할 것이 있다 하겠다.

영양학자 고야나기(小柳達男) 박사에 따르면, 한방약의 일반적 효과는 주로 그 속에 든 플라본에 의한 것이라고 한다. 그렇다면 커피당도 때로는 홍차를 택하는 것이 좋을지 모르겠다. 홍차에 레몬을 넣으면 그 선명한 붉은 빛깔이 연해진다. 이것은 플라본의 붉은빛이 레몬이 가진 시트르산 때문에 없어지는 것이다. 플라본의 빛깔은 산성에서 무색이 된다. 레몬을 넣어도 아직 붉은 빛이 남는 것은 타닌(tannin)의 빛깔 때문이다.

홍차나 녹차의 떫은맛은 타닌 때문이다. 홍차는 티백, 커피는 인스턴트커피라는 인스턴트화가 유행이지만, 인스턴트커피에 첨가된 용해보조제는 눈에 해롭다고 한다. 인스턴트라면 홍차를 마시자.

63. 전화의 발명은 어떻게 완성되었을까?
도버해협에 해저전신선이 부설되자 전기통신기술의 평가가

대단히 높아졌다. 어떤 프랑스인은 머지않아 사람의 말소리가 전선을 통하게 될 것이라고 전화의 발명을 예언하였다.

여기에 자극되어 전화 발명에 몰두한 중학교 교사가 있었다. 라이스라는 사람이다.

1860년, 라이스는 끝내 전화기를 만들었다. 송화기는 나무로 만든 귀 모양을 한 조각의 구멍에 소시지 껍질을 붙이고, 그 뒷면에 백금선을 접착시킨 것이었다. 따로 귓불에 큰 스프링을 붙이고 그 선단에 조그마한 백금편을 달았다. 백금선의 한끝이 백금편에 가볍게 접촉되어 있다. 귓구멍에 소리를 불어 넣으면 고막 구실을 하는 소시지 껍질이 진동하여, 백금선과 백금편의 접촉에 강약이 생기게 된다. 이 송화기 회로에 전지와 수화기가 접속되는 것이다.

수화기도 걸작이다. 바느질 바늘에 절연선을 감아 코일로 만든 것을 바이올린 동체에 고정한 것이었다. 송화기에서 발생한 음성을 지닌 전류의 파가 수화기의 코일에 흐르면, 바늘을 진동시킨다. 바이올린의 동체가 이에 공명하여, 음성을 재현시키는 구조였다.

이 라이스의 전화기로는 「안녕하십니까」 정도의 간단한 통화는 된 모양이다.

이 애교 있는 전화는 그 후 다소 개량되었지만, 군비(軍備)에 열중하는 그의 조국 독일은 이런 것을 거들떠보지도 않았다. 그래서 무대는 미국으로 옮겨갔다.

보스턴 농아학교에 벨이라는 교사가 있었다. 그는 부친이 발명한 독순술(讀脣術), 즉 입술의 모양이나 움직임으로 말을 읽어내는 법을 가르치는 일이 그의 임무였다.

벨은 23세 때 양친을 따라 미국으로 간 이민자였다. 영국에 살고 있을 때 그는 휘트스톤이 발명한 전자음차(電磁音叉)를 보았다. 이것은 전자석을 이용하여 계속 음차를 울리는 장치이다. 벨은 부유한 아버지와 형의 원조로 실험실을 만들고 거기에서 전차음차로 소리를 보내는 발명을 꿈꾸었다. 이것이 결실을 보아 전화를 발명하게 된 것은 1875년의 일이었다.

이 벨의 전화는 송화기와 수화기가 같은 구조이다. 막대자석의 극 옆에 엷은 철판을 고정한 것이다. 다만 그 극 부분에 코일을 감았다. 음성으로 철판이 진동하면 코일에 유도전류가 생긴다. 이 전류가 수화기 코일에 흘러서 철판을 진동시켜 원래의 음성을 재현시킨다. 실용적인 전화의 성공으로 얼마 후 전화 회사가 설립되었다.

벨의 전화를 필라델피아 박람회에서 본 사람 가운데, 후에 발명왕이 될 에디슨이 있었다. 그는 송화기에 착안하여 용기에 담은 탄소 입자를 탄소판으로 가볍게 누른 것을 만들었다. 이것과 벨의 수화기와의 합작물이 오늘의 전화이다.

64. 퍼머넌트 웨이브로 어떻게 머리가 곱슬곱슬해질까?

퍼머넌트 웨이브는 많은 여성의 미용에 필수적일 것이다. 언뜻 보아 평화의 상징 같지만 실은 전쟁의 산물이라고 해도 무방하다.

1차 세계대전이 발발하자, 벨기에의 이프르에 진출한 독일은 미란성 독가스를 뿌려서 큰 피해를 줬다. 이 가스를 이프르에 연유하여 이페리트라고 부르게 되었다. 이것에서 생각해 낸 것이 콜드 웨이브이다.

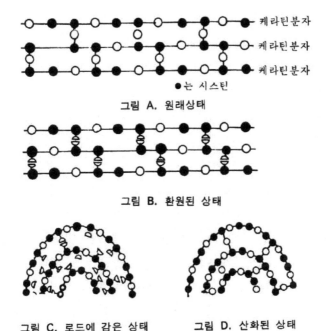

그림 A. 원래상태

그림 B. 환원된 상태

그림 C. 로드에 감은 상태   그림 D. 산화된 상태

이페리트가 닿으면 피부가 짓물러진다. 피부의 단백질이 분해되는 것이다.

원래 단백질은 수백 수천의 아미노산이 결합한 사슬 모양의 분자이다. 아미노산의 결합이 끊어지면 조직은 짓물러진 상태로 된다. 이것을 파마에 이용하려고 처음 생각한 사람이 누구인지는 몰라도, 실용적인 방법을 발명한 사람은 고다드이며 1936년의 일이다. 현재의 콜드 파마액이 미국에서 판매된 것은 1946년의 일이다.

그런데 모발은 섬유상 단백질로서 아미노산의 사슬이 직선적으로 배열되어 있다. 이 아미노산이 군데군데 결합하여 모발의 섬유구조를 이루고 있다. 〈그림 A〉는 이것을 나타내는 것이다.

이페리트가 여기에 닿으면 결합이 끊긴다. 일반적으로 결합을 끊는 반응을 환원이라 한다. 파마의 제1액은 이페리트보다는 작용이 약한 티오글리콜산을 주로 하는 환원제이다.

퍼머넌트 웨이브를 만들 때는 환원제로써 먼저 모발의 결합을 끊는다. 이때의 상태는 〈그림 B〉와 같다. 섬유상 단백질 분자는 얼마든지 위치를 움직이게 할 수 있다. 이 상태가 된 모발을 로드에 감는 것이다. 그러므로 여기에서는 마음대로 웨이브가 이루어진다. 그러나 이 웨이브는 퍼머넌트(영구적)는 아니다. 그리하여 제2액을 바르면 새로운 결합이 이루어진다. 모발은 로드에 감긴 대로 자리가 잡힌다. 결합을 이룩하는 것을 산화라고 하는 이상, 제2액을 산화제라고 부르게 된다. 알칼리성의 파마액에서는 환원이 지나쳐서 여러 곳에서 결합이 끊긴다. 그러므로 모발이 닳아서 끊어진 것 같이 상한다. 알칼리가 강하면 모근 속까지 환원되므로 머리카락이 빠진다. 산성의 파마액이 개발된 것은 이유가 있는 것이다.

65. 창유리는 어떻게 만들까?

얼마 전에 지방을 여행하였을 때 구식 서양식 건물의 창에 오래된 유리가 있는 것을 보았다. 그 유리는 바로 내가 어렸을 때 본 표면이 울퉁불퉁하여 밖의 경치가 비뚤어지게 보이는 그런 유리였다. 젊었을 때 나는 유리라는 것은 비뚤어지게 보이는 것으로 생각하였다. 그런 유리를 몇십 년 만에 볼 수 있었다.

내가 학생일 때 누구의 소개로 판유리를 만드는 공장을 구경한 일이 있다. 그곳에서 내가 본 것은 지름 1m쯤 되는 유리

탱크 속에서 서서히 올라오고 있었다. 유리의 통이 자라고 있었다.

그 옆에 완성된 유리 원통이 뉘어져 있었다. 그것을 한 숙련공이 세로로 절개한다. 전류로 빨갛게 된 니크롬선을 대면 절개되는데, 이것을 평평하게 펴면 판유리가 되는 것이다. 이렇게 하여 만든 판유리의 표면이 고르지 못한 것은 부득이한 일이다. 그 후 평면으로 유리를 들어 올리게 된 모양인데 그래도 역시 창유리의 표면은 고르지 못했다. 울퉁불퉁하지 않은 유리가 필요하면 두꺼운 판으로 부어 만들어서 연마하여야 했다.

울퉁불퉁하지 않은 판유리의 제법을 발명한 사람은 영국의 필킨튼이다. 그의 방법으로는 용해된 유리를 긴 틈새에서 옆으로 밀려 나오게 한다. 이것을 녹은 땜납으로 받는다. 금속의 표면은 완전한 평면이니까, 여기에서 떠 있는 유리의 표면도 완전평면이 된다. 유리가 뜬다(플로트)는 뜻에서 이것을 플로트 글라스라 한다. 플로트 글라스의 덕분으로 창밖의 경치가 직접 보는 것과 같아졌다. 필킨튼이 발명한 것은 1952년이며, 이것이 세계에 퍼진 것은 1959년이다.

66. 음식물은 어떻게 에너지가 될까?

우리가 에너지를 위해 특히 취하는 영양물질은 탄수화물과 지방질이다. 이들 영양 가치의 기준은 칼로리이며, 이것이 에너지의 단위로 사용되고 있다. 이 식품들은 그것이 가진 화학 에너지를 체내에서 방출하여 열과 힘으로 바꾼다. 이 과정을 일반적으로 식품이 체내에서 연소한다고 표현한다. 이것은 실질적으로 어떤 현상을 말하는 것일까?

연소는 산소와의 화합, 즉 산화인 것은 라부아지에가 증명한 바 있지만, 식품이 산화될 수 있는 것은 그것이 환원물질이기 때문이다. 이 환원이라고 하는 현상의 가장 간단한 예는 산소를 빼앗는 경우이다. 탄수화물, 지방, 단백질 등 소위 3대 영양소는 식물(植物) 체내에서 산소를 빼앗긴 이산화탄소를 토대로 하여 만들어진 화학물질이다.

설탕을 예로 들어보자. 이것은 사탕수수 또는 사탕무의 체내에서 환원되어 이루어진 탄수화물이다. 그러므로 적당한 방법으로 산화하면 그로부터 화학에너지를 얻을 수 있을 것이다.

각설탕에 성냥불을 대보자. 오래 기다려도 그을릴 뿐 타지 않는다. 그러나 담뱃재를 바르면 쉽게 타기 시작한다. 재가 화학반응을 촉진한 것이다. 이 작용을 '촉매작용'이라 한다. 재가 촉매가 되었다. 우리 체내에 들어간 설탕은 성냥이나 재가 없어도 탄다. 그것은 '효소'라고 불리는 촉매 덕택이다. 효소의 발견은 독일의 에드아르트 브라이너에 의한 것인데, 그는 1897년 포도당을 알코올이 되게 하는 효소를 발견하였다. 당을 연소시키는 효소의 제법을 우리는 부모에게서 물려받았다. 그 설계도는 유전자에 있다.

설탕이 작은창자에서 흡수될 때, 포도당과 과당으로 분해된다. 이것들은 다 같이 6개의 탄소 원자를 갖고 있어서 육탄당이라 불린다. 세포에 섭취되면 포도당은 인산과 결합하여 분자의 사슬이 끊어져 삼탄화합물이 되고, 다시 비타민 B_1의 매개로 아세트산(酢酸)이 된다. 이것이 또 크레브스 회로라는 반응과정을 거쳐 최후에 이산화탄소로 된다. 이 모든 것이 유전자가 설계하는 효소에 의하여 이루어진다. 이 회로 중에서 12분자의

ATP(아데노신삼인산)가 만들어지는데, 이 분자는 쉽게 유리되는 에너지를 갖는 것이 특징이다. 이 에너지로 대사나 근육의 수축 등 체내의 모든 작용이 이루어진다.

크레브스 회로의 발견은 영국의 한스 크레브스에 의한 것이며 1937년의 일이다. 그의 연구 덕분으로 생체 내의 영양물질이 연소한다는 현상의 정체가 처음으로 밝혀졌다. ATP는 사람만이 아니라 모든 동물, 식물의 체내 에너지원이 된다.

67. 불은 왜 빨갈까?

불이 왜 빨갛나 하는 의문에 앞서 불은 왜 빛을 내느냐는 의문이 자연스럽다. 어째서일까?

빛은 매질이 없는 공간에 복사되는 파동이다. 정확히 말하면 전자기파이다. 전자기파에는 파장이 짧은 감마선, X선에서부터 파장이 긴 장파, 종파, 단파, 초단파, 마이크로파 등의 통신방송용 전파까지 여러 가지가 포함되어 있다. 그리고 빛이라는 시각을 자극하는 성질의 가시광선도 전자기파에 속한다. 불도 전자기파를 내는 것이다.

불이라 해도 구체성이 없으니까, 여기에서는 성냥불의 경우를 들어보자. 성냥불은 왜 빛날까? 아니 그보다 전자기파를 낼까?

전자기파의 실체는 전기장(電氣場)의 파와 자기장(磁氣場)의 파와의 복합체이다. 이 전자파를 관측하지 않고도 그 존재를 예언한 사람은 영국의 클럭 맥스웰이며, 1864년의 일이다. 그때 그는 빛이 전자기파인 것을 예언하였다. 빛이 진공의 공간에 퍼지는 성질로 미루어 보아, 이것은 전자기파 이외의 것이 아니라고 하였다.

성냥불은 불길 부분과 성냥개비의 빨갛게 된 부분으로 되어 있다. 여기에서는 후자에 착안하기로 하자. 여기에서 전자기파가 나오는 것은 성냥개비, 정확히 말하면 성냥개비의 분자에 진동이 생겨서, 거기에서 전자기파가 나오는 것이라고 하여야 할 것이다.

성냥불은 불길에 닿아도, 성냥개비에 닿아도 된다. 빨갛게 된 성냥개비는 상당한 고온이다. 성냥개비의 빛은 고온으로 된 나무에서 나오는 것이다. 거기에서 전자기파가 나올만한 진동이 생겼다고 생각해도 무방하다. 파동은 일반적으로 진동에서 생긴다.

온도가 높을수록 그 물체의 분자 진동은 심하다. 이 심한 진동이 전자기파의 원인인 것이다. 이것으로 불은 왜 빛을 내느냐 하는 의문에 대한 대답은 되었다.

그러면 성냥불은 왜 빨갈까?

가시광선은 무지개의 7색을 갖고 있다. 그리고 그 빛깔은 파장에 따라 정해진다. 한편 성냥개비와 같은 고체가 발하는 빛의 빛깔은 온도에 따라 결정된다. 이 관계를 밝힌 사람이 독일의 빌헬름 빈이며, 1893년의 일이다. 그의 변위법칙에 의하면 이 파장은 발광체의 절대온도에 반비례한다. 빛의 빛깔을 보면 발광체 온도를 알 수 있다는 것이다.

성냥개비가 빨갛게 빛나는 것으로 보면 그 온도는 약 700℃일 것이다. 가볍게 불면 불기운이 세져서 온도가 높아지므로 빛의 파장은 다소 짧아지고 선명한 빨강으로 된다.

68. 에너지란 무엇일까?

천체의 운행에서부터 던진 돌의 운동에 이르기까지, 우리가 직접 경험하는 모든 운동을 틀에 박힌 하나의 방정식으로 추적할 수 있음을 뉴턴이 제시하였다. 그의 방법에 따르면 운동의 주역은 '힘'이고, 이 힘으로 모든 운동이 해석될 것이지만, 운동이라는 물리현상에 대한 접근방법은 힘 이외에도 있을 것으로 생각하는 사람이 나타났다. 그는 네덜란드의 크리스티안 하위헌스이다.

그는 당구공의 충돌을 연구하였다. 그리하여 두 공의 '활력(活力)'의 합계가 충돌 전후에서 불변인 것을 발견하였다. 활력이란 살아 있는 힘이라는 뜻이지만, 이것은 오늘날의 에너지에 해당한다. 그는 충돌에 의하여 공의 운동 에너지의 합계에 변화가 없는 것을 발견한 셈이다. 1699년의 일이다.

그 후 1803년, 프랑스의 카르노는 높은 곳에 있는 물체는 낙하에 의하여 활력을 얻는 것이니까, 높은 곳에 있다는 것만으로도 물체는 활력을 갖는다고 생각하였다. 그리고 이 활력을 '잠재 활력'이라고 불렀다. 이 활력에 대하여 에너지라는 명칭을 붙이고, 호이겐스의 활력을 운동 에너지로, 잠재 활력을 위치에너지라 한 사람은 영국의 토머스 영이다. 이것은 1807년의 일인데, 이때부터 '에너지'는 운동이라는 물리 현상을 해석하기 위한 제2의 수단이 되었다.

에너지는 그리스어로 '일'을 뜻한다. 토머스 영은 활력과 일을 결부시켜 생각한 셈이다. 에너지가 「일할 수 있는 능력」이라는 것은 그의 사상에서 온 것이다. 뉴턴 이래로 물리학상의 개념은 모두 수량화되어야 한다고 보았다. 그러므로 에너지도 일도 수량화할 필요가 있다. 먼저 일은 측정할 수 있어야 한다. 과학과 문학의 결정적 차이는 여기에 있다.

우리는 일의 정의를 「힘을 가하여 물체를 움직이는 것」으로 한다. 그러면 일의 양은 힘과 움직인 거리와의 곱으로 얻어진다. 에너지가 「일하는 능력」이면, 에너지의 양은 할 수 있는 일의 양으로 주어진다. 이에 비로소 일도 에너지나 물리량으로서의 자격을 얻게 된 셈이다.

그 후 빛, 열, 전자기, 화학력, 원자력 등이 에너지의 범주에 들게 되었다.

69. 성냥은 언제 누가 발명하였을까?

불은 인류 지혜의 상징이다. 그렇다면 인공의 불을 만드는 발명은 인류에게 지상명령 같은 것이다. 인간이 자기 손으로 불을 만들 수 있었을 때 문명은 처음으로 일보 전진하였다고 할 수 있겠다.

우리는 그리스, 로마, 잉카, 마야 등 지구상의 여기저기에 고도의 문명이 있었던 것을 알고 있다. 거기에는 물론 인공의 불이 있었다. 그러나 그것은 참으로 유치한 것이었다. 요컨대 그것은 산불에서 얻는 착상에 지나지 않았다. 나무와 나무를 마찰하여 그 마찰열로 불을 일으키는 방법이다. 그 불을 잘 보존하면 일일이 불을 피우는 수고를 덜 수 있으므로 그리 불편을 느끼지 않았을 따름이다.

한편 렌즈로 태양열을 모아 점화하는 방법, 쇠와 돌을 부딪쳐 점화하는 방법 등이 언젠지도 모르게 널리 퍼졌다. 그리하여 마침내 성냥의 발명에 이르게 되는데, 이것이 19세기의 일이었던 것을 알면 여러분은 오히려 의외라 생각할 것이다. 인류가 이 편리한 인공적인 불을 갖게 된 것은 그리 오래된 일이 아니다.

1781년, 영국에서 태어난 존 워커라는 사람이 있었다. 그는 젊을 때 외과의 밑에서 의술을 배우는 한편, 화학실험을 하였다. 착한 워커는 외과의 자격증을 딸 만큼 공부는 하였지만, 수술이 무서워서 약방을 차리고 말았다. 그는 틈만 있으면 화학실험을 하며 지냈다. 화학실험에는 불이 필요할 때가 많았다. 그가 간단한 발화법을 생각하게 된 것은 당연한 일이라 하겠다.

1825년의 어느 날, 그는 염소산칼륨과 황화안티모니를 아라비아고무와 풀로 반죽한 것을, 별 목적 없이 천에 발라 보았다. 이 천이 우연히 난로에 닿아 불이 붙었다. 지금의 성냥과는 다르나 편리하였을 것이다. 소문을 들은 사람들이 가게에 모여와서 팔라고 졸랐다. 이 발화 천은 곧잘 팔린 모양이다.

성냥의 발명은 1827년의 일이다. 이것은 염소산칼륨과 황화안티모니를 같은 양씩 섞어 그 혼합물을 아라비아고무로 반죽하여 만든 것을 75㎜ 길이의 나뭇개비 끝에 붙인 것이다. 이것을 발화시킬 때에는 접은 유리종이 사이에 끼워서 잡아당긴다. 그러면 마찰열로 약이 발화한다. 난로의 열을 마찰열로 대신한 셈이다.

유리종이는 유릿가루를 바른 깔깔한 종이다. 매치(성냥)라는 말은 '쌍'을 뜻한다. 성냥개비와 유리종이가 한 쌍이 되어 있기 때문이다.

144

70. 보온병은 왜 보온이 될까?

눈이 많아 내리는 지방의 아이들은 '눈 굴'을 파서 들어가 논다. 도시에서 자란 나는 그런 경험이 없으나, 그 아이들 말로는 속에 들어가면 춥지 않다는 것이다. 춥지 않은 이유의 하나는 바람 같은 공기의 이동이 없다는 것을 들어야 할 것이다.

눈 굴속이 춥지 않은 둘째 이유로는 벽을 이루고 있는 눈의 표면이 희기 때문에, 사람 몸에서 방사되는 열이 거기서 반사되어 몸에 되돌아오는 것을 들 수 있다. 이런 경우 열선이라 불리는 파동의 형태가 되어 있다. 파동이니까 반사한다. 이 현상을 「복사」라 한다.

눈 굴속에 들어가는 사람의 옷이 희면 가장 유리하다. 백색이 복사가 가장 적은 빛깔이니까 말이다. 열선을 가장 내기 힘든 빛깔이라고 해도 좋다. 열의 복사가 최저이고 게다가 복사된 열이 눈 면에서 되돌아온다는 조건은 최고일 것이다.

복사와 빛깔의 관계는 아이들이나 등산가의 체험에는 있었을지 모르나 1893년 독일의 빈에서 물리학자가 이것을 밝혀냈다.

여기에서 본론에 들어가기로 하자.

보온병의 본명은 「듀바병」이다. 듀바가 발명했으므로 그렇게 불렀다. 여하튼 그 원리는 눈 굴과 비슷하다. 눈 굴속에서는 눈의 흰 빛깔이 효험이 있었다. 보온병 속은 백색 대신 내벽이 거울로 되어 있다. 반사율로 보면 거울이 백색보다 월등하니까 이해가 갈 것이다.

보온병은 이중의 유리병으로 되어 있다. 벽이 두꺼운 것은 그 때문이다. 눈에 보이지 않는 곳에서 두 개의 벽이 맞보고 있는데 그곳도 거울로 되어 있다. 안쪽 병의 바깥 거울은 열선의 복사를 최저로 하기 위한 것이고, 바깥 병의 내면 거울은 그것을 반사하기 위한 것이다. 여기에서는 빈의 법칙을 생각하는 것보다, 눈 굴을 생각하는 것이 알기 쉽다. 요컨대 복사될수록 적게 하고, 부득이 복사된 열선은 될수록 많이 되돌리자는 것이 듀바의 원칙이다.

열의 이동에는 복사 외에 전도와 대류의 두 방법이 있다. 복사에 관해서는 이상으로 해결된다고 해도 전도와 대류도 가능한 한 억제하여야 한다. 대류는 이 경우에는 공기에 관한 문제이므로 안쪽 병과 바깥 병 사이의 공간은 진공으로 되어 있어 대류의 문제가 해결된다.

전도의 문제는 유리는 부도체이니까 뚜껑을 부도체로 하면 된다.

71. 압력솥은 누가 생각해냈을까?

현미를 먹는 경우가 있다. 지금은 어떤지 모르겠으나, 내가 젊었을 시절에는 현미식당이 있었다. 이것은 어느 학자가 현미식을 좋다고 제창한 얼마 후 개설된 것 같다. 내 부친은 현미식에 관심이 컸다.

언젠가 나는 부친과 함께 이 현미식당에 간 일이 있다. 이때 인상적이었던 것은 도미를 머리까지 먹은 일이다. 현미밥은 압력솥이 아니면 잘 안 되나 도미도 압력솥으로 찐 것이었다.

압력솥은 꽤 오래됐다. 그 발명자 파팽은 네덜란드의 물리학자 호이겐스의 제자로서 공기펌프 발명으로 알려져 있다. 증기기관이나 내연기관 발명에서도 잊을 수 없는 존재이다. 나는 많은 과학자의 전기(傳記)를 썼지만, 제일 먼저 쓴 것이 17~18 세기에 매력적으로 활약하고 쓸쓸히 숨진 프랑스의 물리학자 드니 파펭이었다.

파펭이 증기기관 발명을 하게 된 동기는 탄광갱 속의 물을 퍼내는 펌프 동력을 말 대신 기계로 할 것을 희망하는 광산업자의 요청에서다. 그는 바닥이 있는 통에 물을 조금 담고 이것에 움직이는 뚜껑을 끼웠다. 실린더와 피스톤을 연상하면 된다.

이 통을 불 위에 놓으면 물이 끓어 없어지고 증기가 남는다. 이 증기가 냉각되어 다시 물로 될 때 뚜껑이 밑으로 내려간다. 이 힘을 이용하여 펌프를 움직이려고 한 것이다.

이 발명은 광산 업자를 만족시키지 못하였고 결국 실용화되지 못하였다.

내연기관의 발명이란 실린더 속에 화약을 넣고, 이것을 폭발시켜 피스톤을 움직이게 하려는 위험한 것이어서 이것도 실용화되지 못하였다.

그러면 발명가 파펭이 후세에 남긴 것은 압력솥이라는 평화적이고 가정적인 물건인 셈이다.

파펭이 만든 솥은 뚜껑을 덮고 가열하면 내부압력이 매우 높아지고 동시에 100℃ 이상으로 되므로, 들어 있는 물건이 잘 쪄졌다. 이것이 현미식을 가능케 한 것이다.

72. 냉장고는 왜 냉각될까?

내가 젊었을 때 냉장고라고 하면 얼음을 넣은 상자, 즉 아이스박스를 말했다.

오늘날 전기냉장고는 발달한 과학의 산물인 만큼 설명이 복잡해진다. 우선 전기냉장고에서는 열이 저온인 장소에서 고온인 장소로 이동하는 문제에 봉착하게 된다. 냉장고의 내부는 외기보다 온도가 낮다. 그 낮은 온도인 부분이 가진 열을 높은 온도인 외기로 옮기지 않으면 안 된다. 그렇지 않으면, 냉장고의 기능이 없다. 전기냉장고에서는 저온에서 고온으로의 열의 이동이 있다.

열은 고온에서 저온으로 이동하며, 그 반대로는 되지 않는다. 이런 것은 우리의 상식이 아니었던가. 이것을 물리학에 관련지어 처음 다룬 사람은 클라우지스다. 그가 이 현상을 법칙의 형식으로 정리하여 열역학의 제2법칙으로서 발표한 것은 1850년의 일이다. 딱딱하게 말하면, 열역학의 제2법칙에 의해 열은 고온에서 저온으로 이동하는 것이다. 그러면 전기냉장고는 이 제2법칙을 부정하는 것일까?

전기냉장고는 때때로 조용한 소리를 낸다. 이것은 압축기를 가동하는 소리이다. 이때 모터는 전력을 소비한다. 에너지가 소비되고 있다. 가스냉장고면 소리가 나지 않지만, 그래도 때때로 가스가 연소하여 에너지를 소비한다. 문제를 푸는 열쇠는 여기에 있다.

우리는 물이 높은 곳에서 낮은 곳으로 흐르는 것을 알고 있다. 열이 고온에서 저온으로 흐르는 것과 같다.

물의 경우에는 양수기를 사용하면 낮은 곳에서 높은 곳으로 물을 끌어 올릴 수 있다. 이것은 자연의 물흐름과는 방향이 반대이다. 동력 냉장고는 열에 관해서 이와 같은 일을 하는 것이다. 양수기에 해당하는 장치를 사용하여 열을 저온에서 고온으로 퍼 올리는 셈이다.

이 두 경우 에너지에서도 똑같이 말할 수 있다. 양수기는 에너지를 소비함으로써 낮은 곳에서 높은 곳으로 물을 올린다. 동력 냉장고도 에너지를 소비함으로써 저온에서 고온으로 열을 내보낸다. 이 열은 냉장고 뒤의 파이프에 손을 대 보면 안다.

전기냉장고나 가스냉장고에서는 프레온 가스를 압축기로 액화한다. 압축된 가스는 열의 발생으로 고온으로 되므로 냉각시키기 위해 뒤에 있는 파이프에 보낸다. 여기에서는 열역학의 제2법칙에 의해 가스의 열이 공기에 전도된다. 그러므로 가스는 냉각되어 액화한다. 이 액화 프레온 가스는 냉장고 속의 기화기에 되돌아간다. 압축기에 의해 압력이 떨어진 기화기(氣化器)에서는 프레온이 기화하여 냉각된다.

Ⅷ. 발견 이야기

—코페르니쿠스적 전회는 어떻게 이루어졌을까?

73. 코페르니쿠스적 전회란 무엇일까?

16세기 폴란드의 성직자 코페르니쿠스는 한 가지 의문을 품고 있었다. 당시 믿고 있던 지구중심설이 틀린 것이 아닌가 하는 의문이었다. 그리스도교의 교리로 보면 천지의 모든 현상은 신의 섭리로 이루어진다. 신의 법도에 의하여 만물은 존재하며 움직인다. 태양이 움직이든 지구가 움직이든 신이 정한 것이다. 그러므로 이 의문을 푸는 것은 신의 법도, 신의 섭리를 밝히는 것이 된다. 신의 법도를 잘못 받드는 것은 성직자의 의무를 다하지 못하는 것이다.

자연과학이 유럽, 즉 그리스도교권에서 생긴 것을 우리는 알고 있다. 자연현상의 탐구가 신의 섭리를 밝히는 일로서 중요한 뜻이 있었기 때문이다. 일본의 국학은 자연을 풍류의 대상으로 보아왔다. 달도 눈도 꽃도 감상의 대상이며, 노래와 시의 재료일 따름이었다. 그것에 자연의 법칙이 있다 하는 따위를 생각할 여지가 없었다. 이런 것이 일본에 과학이 자라지 못한 이유이며, 현대에도 일본인에게 과학이 낯설고, 일상생활을 과학화하는 것이 서투른 이유이다.

코페르니쿠스는 지구중심설에 의심을 품고 천체관측의 자료를 연구하여(오늘날로 보아서는 증거가 불충분하지만) 지구중심설이 잘못됐음을 발견하였다.

실은 우리가 만약 태양 밖에 나가서, 그곳에서 태양과 지구를 관측할 수 있다고 하면 태양중심설은 자명한 일이 될 것이다. 그러나 우리가 지구 표면에 달라붙어서 태양을 보고 있는 한, 태양이 지구 둘레를 돌고 있다고 생각하는 것이 당연하기도 하고 무난할 것이다.

코페르니쿠스

이상 말한 것을 정리하여, 태양계 밖에 관측점을 두면 태양중심설이 옳고, 지구상에 관측점을 두면 지구중심설이 옳다고 한다면 코페르니쿠스는 관측점을 달리했을 뿐이라고 할 수 있다.

이처럼 관점(관측점)을 휙 딴 데로 옮기는 것을 코페르니쿠스적 전회(轉回)라고 하면 재미있겠다고 생각한다. 시점을 태양계 밖이 아니고 태양에 옮겨도 태양중심설을 취하게 될 것이다.

같은 노동쟁의라도 사용자 측에서 보느냐 노동자 측에서 보느냐에 따라 그 성격이 달리 보일 것이다. 그러므로 코페르니쿠스 전회는 일반적으로 위험시된다. 코페르니쿠스는 「천체의 회전에 관하여」라는 역사적인 논문을 썼지만, 그것을 공개하지 않으려고 했다.

74. 갈릴레오의 피사의 사탑 실험은 어떤 뜻이 있을까?

학교에서 치맛바람을 날리고 있는 어머니들을 우리는 안다. 그러나 이 치맛바람에 싸여 자라나는 아이들이, 장래 어떤 인물이 될 것인지를 모른다. 일류 회사에 취직이 되고, 고급관료가 될 수는 있어도 큰 인물이 되지 못하리라는 감이 없지 않다. 하여간 역사는 큰 인물이 반드시 치맛바람에 의해 생기지는 않는다는 것을 가르쳐 주는 듯하다.

16세기, 이탈리아의 피사의 사탑 근처에 조그마한 포목전이 있었다. 이 집의 안주인은 남편에게도 아이들에게도 극성스러워 가정에 평화로운 날이라고는 없었다. 주인이 아들에게 수학을 가르치든가, 플루트를 불든가 하면 주부는 잔소리를 심하게 늘어놓곤 하였다. 이것이 바로 갈릴레오의 집안이었다.

피사의 사탑은 일부러 기울게 만든 것은 아니다.

1173년에 착공되어 1350년 완성된 긴 공사 도중에 기울기 시작하여, 마침내 정상의 위치가 수직에서 5m나 어긋났다. '갈릴레오'라 하면 피사의 사탑이 연상되는데 그것은 그 포목전과의 지리적 관계에서가 아니다. 전통 있는 피사 대학의 수학 교수로 초빙된 얼마 후에 그는 이 기울어진 탑을 이용하여 낙체(落體)에 관한 유명한 실험을 공개했다. 이것은 실증을 원칙으로 하는 근대과학의 출발점이 되는 과학사상의 대사건으로 썩 어울리는 일이었다.

종잇조각과 돌멩이와의 낙하운동을 비교하면 무거운 물체는 빠르게, 그리고 가벼운 물체는 느리게 낙하할 것 같다. 아마도 이런 경험에서이겠지만, 그리스의 현인 아리스토텔레스는 이것을 낙하운동의 진리로 보았다. 실험물리학의 아버지라고 불리는 갈릴레오는 자연법칙은 생각에서 얻어지는 것이 아니고, 실험관찰을 통해서만 얻어진다고 믿었다. 그는 낙하의 가속도에 관해서까지 실험 데이터를 만든 다음, 이 공개실험을 교수와 학생을 비롯하여 일반 참관자 앞에서 행하였다.

갈릴레오는 둥근 자연석을 마련하고, 또 이와 같은 크기와 모양의 나무 공을 마련하였다. 이 둘을 사탑 6층에 들고 올라가 동시에 낙하시켜, 이것들이 동시에 지면에 떨어지는 것을 보이려고 했다. 이때 천문학자 마조니 교수 이외의 전 교수는 그의 위험한 사상을 무시하려고 참석하지 않았다. 조수로 일을 도운 두 학생을 제외하고는 모든 참관자는 이 실험을 보고도 무엇이 무엇인지 알지 못하였다. 그리고 마조니만이 이것이 세계가 시작된 이래의 대사건이라고 평가하였다. 아리스토텔레스가 패배한 데에 그는 천지가 무너져 내리는 듯한 감동을 했다.

중세의 학생들은 아리스토텔레스를 비판하는 것을 이단시하고, 실험결과 같은 것은 악마의 짓이라고 믿고 있었다. 비교육적인 어머니의 욕지거리 속에서 유례없는 용기와 불굴의 정신이 솟아난 것이 아닐까?

75. 파블로프의 조건 반사는 영혼과 과학의 만남일까?

영혼이란 대체 무엇인가? 영혼 불멸이라고 하지만 그 영혼이란 무엇인가? 성서에는 신이 사람을 만들고 불멸의 혼을 불어넣었다고 적혀있다. 죽어가는 육체에 불멸의 혼이란 무엇인가?

자연과학은 모든 사물 현상에 도전하여 그것을 해명하려 한다. 신비의 베일을 벗기는 것이 과학의 근본이념이다. 과학자는 거기에서 합리주의를 끄집어내려고 하며, 이상사회의 모습을 찾으려고 한다. 신비의 베일 속에 어리석음의 화신(化身)이 숨어 있을 것을 꺼린다. 그리스도교의 '혼'은 고대 그리스의 현인 플라톤에게서 빌려온 것이다.

이반 페테로비치 파블로프는 제정 러시아 목사의 집에서 태어났다. 동서를 불문하고 성직자는 지식인이어야 한다. 파블로

파블로프

프는 당연히 신학교에서 공부하였다. 여기에서 그는 영혼이란 무엇인가 하는 문제에 부딪혔다. 그리고 그 해답을 찾으려고 생리학책을 탐독하였다. 거기에서 만들어내는 뇌는 죽으면 그 작용을 멈춘다고 하였고, 또 혼은 물질은 아니지만, 육체에서 분리할 수는 없으며, 의식은 육체와 더불어 생장하고, 육체의 죽음과 함께 죽는다고 하였다. 하나에서 열까지 학교의 수업 내용과는 달랐다. 파블로프는 이 생리학에 마음이 크게 끌렸다. 그래서 이 의문에 관해 틈만 있으면 학우들과 토론하고, 그들을 생리학의 세계로 이끌었다.

당시 신학생은 대학에 갈 수 없었다. 다행히도 이 제한은 1867년에 해제되었다. 그는 영혼의 수수께끼를 풀기 위해 대학에 진학하였다.

그는 해부에 몰두하여 인체의 구조를 자세히 연구하였다. 페테르부르크 대학은 생리학의 메카였다. 어느 날 그는 개의 혀에 산을 바르니까 반사적으로 침을 흘리는 실험을 보았다. 파블로프는 타액선을 자극하는 신경에 대한 해부적 지식에서 이것을 필연이라고 보았다.

우연한 일이지만 어느 날 그가 실험실에 들어가니까 개가 문 소리를 듣고 그에게 달려들었다. 그는 이것을 일련의 반사로 보고 그 과정을 분석하였다. 그리고 마침내 벨 소리를 듣고 먹이를 받아먹는 습관이 붙은 개가 벨 소리를 듣기만 해도 침을 흘리는 것을 발견하고, 이것에서 조건반사의 법칙을 제창함에 이르렀다.

대뇌생리학의 권위가 된 파블로프는 「뇌의 작용과 무관계한 어떤 의식도 존재하지 않는다」는 것을 주장하고, 의식 속에서만 있을 영혼이 육체와 함께 멸한다고 증언하여 맹렬한 반박과 싸웠다. 그의 대뇌생리학은 지금도 발전을 계속하고 있다.

76. 파스퇴르를 왜 불요불굴*의 사람이라고 할까?

언젠가 도쿄의 어느 백화점에서 위인의 흉상을 만들어 소년, 소녀에게 팔려고 한 일이 있었다. 그래서 존경하는 인물이 누구인지를 여론 조사를 통해 알아본 결과, 1위로 슈바이처가 나왔다. 2위, 3위는 아버지 또는 교사였다고 한다. 결국 같은 일본인 가운데서 특히 존경받을만한 인물은 없었다는 것이다.

그런데 금세기 초에 프랑스의 신문이 19세기 최대의 위인이 누구인지 여론조사를 한 결과, 루이 파스퇴르가 압도적인 인기를 끌었다. 외국에는 어김없이 위인이 있는 듯하다. 부러운 이야기인 동시에 위대함을 생각하게 한다.

파스퇴르는 이름도 없는 가죽 장인의 아들이었다. 그가 15세 때에 양친은 낚시질을 좋아하고 파스텔화를 잘 그리는 이 소년을 파리의 사범학교에 보냈다. 그는 학교를 졸업하고 26세 때

---

*한번 먹은 마음이 흔들리거나 굽힘이 없음

중학교 교사가 되었는데, 1848년에 타르타르산의 광학이성체(光學異性體)를 발견하였다. 같은 물질이라도 분자배열이 다름으로써 광학적 성질이 다른 것을 발견한 것이다. 이것은 입체화학의 기초가 되는 대발견이었다.

1885년 3월 초 으스스한 어느 날, 모피 모자를 쓰고 흰 붕대를 팔다리에 감은 19명의 사나이가 파리 대학의 파스퇴르를 찾아왔다. 그들은 광견병에 걸린 늑대에게 물린 러시아 농민들이며, 그중 5명은 걷지 못하리만큼 중태였다. 즉시로 접종된 백신으로 16명이 회복되었다. 감동한 러시아 황제가 특사를 파견하고, 다이아몬드가 박힌 훈장과 10만 파운드의 연구소 설립 자금을 그에게 주었다. 많은 과학자를 양성하고 빛나는 업적을 쌓은 파스퇴르 연구소는 이 자금을 바탕으로 1887년, 그가 65세 때 창립되었다.

파스퇴르가 19세기 프랑스 최대의 위인이라고 불리는 것은, 입체이성체나 광견병 백신의 발견뿐만 아니다. 조국의 산업에 비교할 수 없는 공헌을 한 업적이 있기 때문이다.

그는 미생물에 눈길을 돌렸다. 그리하여 1857년 발효가 미생물에 의한 것임을 발견하였다. 프랑스는 포도주의 나라인데 양조에 실패하여 시큼하게 포도주가 변질하는 일이 많았다. 그는 이것이 락트산 균에 의한 발효인 것을 확인하고, 저온살균에 의하여 발효를 예방하는 방법을 개발하였다. 저온살균법(pasteurization)이라고 불리는 방법은 전 세계에서 우유 살균에 사용되고 있다.

그는 미생물을 질병에도 관련시켰다. 이 연구는 누에가 미립자병으로 전멸하는 프랑스 농가의 공황을 구했다. 또 한 해에

2천만 프랑의 손해를 내고 있던 양의 비탈저병(脾脫疽病)의 공포로부터 농민을 구하였다. 파스퇴르의 주요 업적은 그가 뇌졸중으로 좌반신의 자유를 잃고 기적적으로 회복된 후의 일이다. 그 불요불굴의 정신에 머리가 숙여진다.

77. 성인의 적, 당뇨병은 어떻게 극복되었을까?

1889년, 독일의 오스커 민코프스키는 '개의 췌장을 없애버리면 어찌 될까?'라는 문제로 친구와 논쟁하였다. 그리고 실제로 실험해 보았다. 그 결과 개는 중한 당뇨병에 걸렸다.

1901년, 미국의 당뇨병 연구자 유지 오피는 췌장에 점점이 나타나는 랑게르한스섬(島)을 주목하였다. 당뇨병으로 사망한 인체 해부 소견으로 이것이 위축하여 경화되어 있는 것을 확인하였다. 1916년, 영국의 에드워드 세퍼 경은 당뇨병의 원인은 랑게르한스섬의 분비물 결핍에서 오는 것으로 생각하고, 이 호르몬을 '인슐린'이라고 명명하였다. 이것은 섬을 뜻하는 라틴어의 '인슬라(인슐라)'에서 딴 것이다.

당시 당뇨병은 무서운 병이었다. 성장기 어린이의 경우, 만반의 주의를 하여도 발병 후의 생명은 길어도 2년 정도였다. 그리고 전 세계의 환자 수는 1천 5백만 명을 넘었다. 이 공포의 병으로부터 인류를 구한 사람이 캐나다의 청년 밴팅, 베스트 두 사람이다.

프레더릭 밴팅은 어린 시절, 근처의 소녀가 이 병으로 수개월 후에 사망한 것을 보고, 목사가 되라는 부모의 희망과는 달리 의학을 공부하기로 했다. 한편 찰스 베스트는 시골 의사의 아들로 어려서부터 마차를 타고 아버지의 왕진을 따라다니곤

하였다. 점적을 돕거나 마취를 담당한 일도 있었다. 이 두 사람은 외진 농촌 출신이었다.

밴팅은 1차 세계대전에 군의관으로 참가했고, 귀국 후 정형외과를 개업하였다. 탐구심이 강한 그는 틈날 때마다 웨스턴 온타리오 대학 의학도서관에 다니던 중, 민코프스키의 실험에 관한 논문을 발견하였다. 그리고 흥분된 마음으로 토론토 대학에 가서 연구할 것을 희망하였다. 생리학 교수 맥클레오드는 큰 기대를 걸지 않았으나, 연구실의 한구석과 실험용 개를 사용하는 것을 허락하고 이 청년의 당뇨병 연구를 도울 조수가 없는가 하고 교실에 알렸다. 여기에 응한 사람이 다름 아닌 베스트이다. 이때 밴딩은 29세, 베스트는 22세로 1921년 봄의 일이다.

두 사람은 우선 문헌을 검토하고, 수 없는 실패의 예를 알았다. 이것을 끝내고 실험에 들어갔다. 개의 췌관을 묶고 소화액을 멈추었다. 랑게르한스섬의 분비물은 단백질이므로 췌장의 소화효소로 분해되는 것을 방지하여야 할 것이었다. 그리고 나서 이 '마술의 섬(랑게르한스섬)'의 추출물을 민코프스키의 개에게 정맥주사를 하자는 것이 두 사람의 구상이었다. 이 처치로서 혈당값이 내리는 것을 확인한 것은 그해의 7월 30일이었으며, 당뇨병 환자의 생명을 구하는 연구는 반년이 못 되어 성과를 거두었다.

그리고 필자는 당뇨병을 앓아 자기 힘으로 이것에서 벗어났다. 인슐린도 혈당강하제에도 의존하지 않았었다. 그 이론과 실제는 필자가 쓴 「비타민E 건강법」에 상세히 써두었다. 참고가 되면 다행이다.

78. 페니실린은 어떻게 수명을 20년 연장했을까?

사람이 화려한 일생을 보내는 것도, 비참한 일생을 보내는 것도 모두 타고난 팔자소관이라는 사상의 풍조가 없지 않다. 인생이 과연 보이지 않는 손에 의해 희롱 되는 것이라면, 우리는 태어나서 죽을 때까지 팔짱만 끼고 가만있으면 될 것이다. 페니실린을 발견한 것도 운명, 페니실린 쇼크로 죽어도 운명이라고 한다면 인간은 마치 꼭두각시에 지나지 않는다.

인간의 삶은 부모에게서 물려받은 유전자가 완전히 지배하는 바이다. 거기에서 벗어날 수는 없지만, 허용범위는 있다. 그 테두리 안에서 개개인의 재능을 신장시킬 수 있는 것이다. 이러한 인식을 할 수 있는 데까지 과학은 발달하였다. 이에 관한 구체적 예를 페니실린의 발견자 알렉산더 플레밍에게서 찾아보자.

그는 스코틀랜드의 시골 농가에서 9형제의 8번째 아들로 태어났다. 험난한 두멧골이라 6㎞나 먼 분교에 통학하여야 했다. 길도 길 같지 않아 눈보라 치는 날에는 형제가 길을 잃은 일도 있었다. 요컨대 그에게 공부는 이차적인 문제였다.

초등학교를 마치자 그는 읍으로 나가 하숙을 하면서 공업학교에 다녔고, 졸업하자 런던에서 안과의를 개업하고 있는 둘째 형을 찾아가서 상업학교에서 배운 다음 상선회사에 취직하였다.

1900년 트랜스발 전쟁이 발발하자, 그와 두 형제는 지원병이 되었다. 군대에서 그는 사격의 명수로서, 수구(水球)의 선수로서 인기를 얻었다. 병사가 너무 많아서 전쟁이 끝날 때까지 플레밍 형제는 싸움터에서 나가지 않았다. 그리고 그가 20세 때, 백부 존의 유산 가운데 64분의 1인 250파운드가 굴러들어 왔다. 그리하여 그는 의학 공부를 할 것을 결심하고, 수구의 적수로서 호감을 느끼던 센트 메어리즈 의과대학을 선택하게 되었다. 졸업 후 외과 의사로 개업할 작정이었는데, 사격 클럽의 실력이 떨어져서는 곤란하다고 강권하여, 그를 연구실에 남게 하였다.

연구실에서 처음 업적은 눈물에 함유된 용균효소인 라이소자임의 발견이며, 1922년의 일이다. 그리고 1928년, 포도상구균을 녹이는 푸른곰팡이의 성분 페니실린을 발견하였다. 그의 실험실은 지저분했다. 따라서 세균을 배양하고 있던 살레 속에 푸른곰팡이가 포자가 들어가, 그 성분이 세균을 죽였다.

2차 대전 중 페니실린은 영국 총리 처칠을 폐렴에서 구하고, 많은 부상자의 생명을 구하였다. 인류의 평균수명을 20년 연장한 항생물질의 시초는 페니실린이었다. 플레밍은 「우연은 준비 없는 사람을 돕지 않는다」라고 한 파스퇴르의 명언을 좋아했다.

79. 퀴리 부인은 빈곤 속에서 무엇을 발견하였을까?

두 번이나 노벨상을 받은 대과학자가 여성이라고 하면, 예비지식이 없는 사람은 그를 괴물로 보든가 아니면 비상한 두뇌를 가진 사람이라고 할 것이다. 그러나 어느 편도 아니다. 마리 퀴리는 때에 따라서는 평범한 주부로서 이름 없는 일생을 보냈을 여성이다. 그녀에게 영광을 주게 한 것은 그 용기와 노력 이외에 아무것도 아니다.

그녀의 조국은 제정 러시아가 지배하고 있던 폴란드이다. 그는 폴란드의 한 고등학교 교사의 집에서 태어났다. 모친은 결핵을 앓고 있으면서도 다섯 아이를 돌보고 신발까지도 만들어야 했다. 그 일가는 학교 안에서 살고 있었으므로 큰 서재의 장에는 유리관, 청우계, 검전기, 천칭 등이 있어서 마리의 마음을 끌었다. 부친은 물리와 수학을 가르치고 있었다.

학교에서는 걸핏하면 러시아의 탄압이 있었다. 저항심은 저절로 자라게 마련이다. 마리의 저항 탓으로 부친은 파면을 당하고, 생계를 유지하기 위하여 하숙을 치게 되었다. 딸들은 침실이 없어서 털가죽을 뒤집어쓰고 식당에서 자야 했다. 이 쫓기는 살림 중에 모친이 죽었다. 마리는 이때 11세의 어린 나이였다.

마리는 고국의 독립을 위해서는 배워야 한다고 생각하였다. 러시아 정부의 교육 탄압을 받으면서도 그것을 저리게 느끼지 못하는 사람들의 의식을 향상하는 일을 하고 싶었다. 점령 하의 폴란드에서는 여성의 대학 진학은 허용되지 않았다. 두 언니와 마리는 '날개가 돋은 대학'이라는 비밀회합에 참가하여 경찰의 눈을 피하면서 새로운 사상과 과학을 공부하였다.

18세의 생일 전 마리는 직업소개소에 가서, 지방에서 먹고 잘 수 있는 가정교사 자리를 구했다. 한발 먼저 파리로 간 언니 브로냐의 학비를 대주기 위해서이다. 기차로 3시간, 썰매로 4시간이나 걸리는 먼 여행을 하고, 그녀가 가르치는 제자를 핑계 삼아 다락방에 비밀 학교를 꾸미기도 했다.

얼마 후 마리는 대학생인 그 집 아들의 청혼을 받고 난처하게 되었다. 결국 바르샤바에서 가정교사를 하면서, 부친과 함께 조용하게 살기를 꿈꾸게 되었다. 그리고 약속된 2년을 마치고 집에 돌아와 보니 결혼하고 마리를 맞겠다는 브로냐의 편지가 와있었다. 그래도 마리는 가정교사로 일하면서 부친을 모시고, 박물관을 이용하여 과학실험에 열중하였다. 24세 때 마침내 파리에 갔다. 수도도 가스도 없는 다락방에서 비참한 생활이 시작되었다. 먹지를 못하여 졸도한 일도 있고, 추운 밤 의자에 기대어 잔 일도 있었다.

마리는 대학을 마치면 바라샤바로 돌아갈 심산이었다. 그때 피에르 퀴리라는 젊은 과학자를 알게 되어 파리에 남아서 결혼하고, 라듐 발견이라는 영광을 얻게 되었다.

80. 멘델은 유전 법칙을 어떻게 발견하였을까?

자식이 그 부모를 닮는다는 것은 원시인도 알았을 것이다. 그러나 무엇에 의해 어떻게 그렇게 되느냐 하는 유전의 메커니즘을 아는 일은 쉬운 일이 아니다. 아무런 근거도 없이 유전이 혈액에서 유래하는 것이라고 한 것은 혈통이니 순수혈통이니 혼혈이라는 말이 있는 것으로 보아 짐작이 간다.

핏줄에 의해 자식이 부모를 닮는다는 생각은 동서에 다 있었다고 해도 무방하다.

우리나라에서도 '솔개가 매를 낳았다.' 또는 '오이 덩굴에 가지는 맺히지 않는다.'는 등의 유전에 관한 속담이 있어, 유전형상에 대한 관심이 있었던 흔적이 없지 않다. 그러나 그것의 탐구에까지는 미치지 못하고, 여기에서도 유럽인의 등장을 보게 되었다.

그레고르 요한 멘델은 독일의 브륀 수도원에 살면서 고등학교에서 자연과학을 가르치는 수도사였다. 일찍이 생물에 흥미를 갖고 개, 고양이, 여우, 고슴도치 등을 사육하고 교배실험을 한 듯하다.

그런 실험이 그리스도교에서는 부도덕시되는 관계로 그는 식

유전자 DNA

물에 눈을 돌렸다. 그는 농가 태생이었다. 200m^2쯤의 수도원 뒤뜰에서 완두 실험을 시작한 것은 1856년의 일이다. 수도원 장은 이것을 대단히 못마땅하게 여겼다.

그는 이 농원에서 빨간 꽃과 흰 꽃의 완두를 교배한다든지, 또는 주름살이 있는 완두와 주름살이 없는 완두를 교배한다든지 하여, 잡종에서 나타나는 형질을 연구한 끝에 소위 「멘델의 법칙」이 1866년에 비로소 세상에 알려졌다.

유전이 유전자라고 불리는 물질에 지배되는 것을 간접적으로 증명한 사람은 미국의 토머스 모건이다. 그는 초파리에 X선을 조사(照射)하여, 눈빛이나 날개 모양을 변형시키는 데 성공하였다. 유전자라고 불리는 물질이 X선에 의하여 변화하여 '돌연변이'를 일으킨 것이다.

이 유전자의 정체를 발견한 것은 1953년의 일이다. 유전자는 새끼 사다리가 비틀어진 모양을 한 긴 분자임을 알게 되었다. DNA라고 불리는 유전자의 분자는 염색체 속에 들어 있는데, 날개의 모양도 눈의 빛깔도 소화효소의 제조법도 근육의 수축조건 등 생체, 생명에 관한 모든 요소가 이 속에 암호형태로 들어 있음을 알게 되었다.

81. 뉴턴은 만유인력의 발견자일까?

만유인력이란 글자 그대로 모든 물체가 서로 끌어당기는 힘을 뜻한다. 임의의 두 물체가 서로 끌어당긴다는 것이다. 종이와 볼펜이 있으면, 이것들은 서로 인력을 작용시키고 있다고 생각해야 할 것이다.

그러나 종이와 볼펜 사이에서 만유인력이 작용하고 있는 것을 안다는 것은 불가능하다. 만유인력 발견의 실마리가 그런 데에 있지 않다는 뜻이다.

지구가 태양 주위를 돌고 있다는 것은 코페르니쿠스의 논증을 기다릴 것 없이 어김없는 사실이다. 달이 지구 둘레를 돌고 있는 것도 많은 사람이 알고 있었다. 그러면 지구가 왜 태양 주위를 도는가, 달이 왜 지구의 주위를 도는가 하는 문제가 생긴다. 그리고 여기에서 만유인력이 문제가 된다. 결국 그것은 태양과 지구가 서로 끌어당기기 때문이며, 지구와 달이 서로 끌어당기기 때문이라는 데에서, 모든 물체 사이에 인력을 상정하는 것이 당연한 순서일 것이다. 그러므로 만유인력의 개념은 뉴턴 이전부터 있었다.

태양계의 행성 운행에 관해 케플러의 법칙이 있음은 중학생도 알고 있다. 그 케플러도 만유인력의 법칙을 알아차리고 있었다. 그러나 그 표현이 미숙하였다.

17세기 덴마크의 천문학자 티코 브라헤 같은 사람은 태양의 시속도(視速度: 겉보기 속도)의 관측으로, 지구의 공전 속도가 일정치 않은 것을 알고 있었다. 그러나 그것은 순전히 겉보기에 지나지 않는 것으로서, 실제의 지구 공전 속도는 어디에서나 같다고 생각하였다. 이에 대해 케플러는 지구의 실속도는 일정불변이 아니라, 태양에 가까운 위치에 있을 때는 빠르고, 먼 위치에 있을 때는 느린 것을 발견하였다. 이것이 「케플러의 제2법칙」인데, 그 이유를 설명하기 위하여 그는 두 개의 가정을 시도하였다. 그 가정의 첫째는 이렇다.

> 「태양은 행성을 전방으로 밀어내는 운반력을 갖고 있으며, 그 작용은 태양으로부터의 거리에 반비례한다」

그 운반력이 무엇인지는 근대물리학으로서는 알 수 없으나, 힘의 개념을 확립한 것은 뉴턴이며, 다음 세대의 일이니까 당연한 일이라 하겠다. 그러나 이것을 오늘의 개념으로 바꾸면 「만유인력은 거리에 반비례한다」는 것이 된다.

그 후 만유인력이 거리의 곱에 반비례하느냐, 제곱에 반비례하느냐가 학계 문제가 되었다. 뉴턴의 친구가 어느 날 이를 어떻게 생각하느냐고 물으니까, 즉석에서 거리의 제곱이라고 대답하여 친구를 놀라게 하였다고 한다.

뉴턴은 미분 적분법을 완성하고, 운동방정식을 만들어 푸는 방법을 발명하였다. 이것으로 이미 역 제곱의 법칙을 증명하였는데도 이것을 아무에게도 이야기하지 않았다.

82. 뢴트겐과 X선은 어디가 다를까?

성급한 독자 중에는 뢴트겐과 X선은 같은 것이 아니냐 하고 이상하게 생각하는 사람이 있을지도 모르겠다. 그러나 뢴트겐은 X선 발견자의 이름이고, X선은 하나의 물리현상이라는 말

166

에는 매력이 있다. 그것은 X라는 분자는 수학에서 미지수를 나
타낸다는 데에 원인이 있다. 뢴트겐이 최초로 이것을 발견하였
을 때 너무도 뜻밖의 현상이며, 그 원인을 알 수 없어 저도 모
르게 X선이라고 명명한 것이다. 그것이 그대로 오늘날에도 통
용되고 있다.

진공관에 전기를 통하면 빛이 나타나는 현상은 19세기 물리학
자들에게 큰 흥밋거리가 되었다. 어떤 조건에서 빛을 내며, 어느
부분이 빛을 내며, 어떤 빛깔로 빛을 내는가 등을 연구하는 것
이 성행하였다. 우리와 친근한 형광등도 그 결실의 하나이다.

19세기도 거의 다 지난 1895년, 뢴트겐이 암실에서 진공방
전 실험에 열중하고 있을 때, 실험대 위에 놓인 형광판이 청백
색의 빛을 방출하였다.

뢴트겐은 자기 눈을 의심하였다. 그런 현상은 여태껏 알려지
지 않았기 때문이다.

이때의 형광판은 유리판에 백금시안화바륨을 바른 것이었다.
그리고 형광 현상은 영국의 허셸이 이미 1845년에 밝혀낸 것
이다. 그러나 방전관에서 나오는 무엇인가에 의하여 형광판에
서 형광이 나오리라는 것은 누구도 생각해본 일이 없었다.

당시의 사진은 필름이 아닌 건판을 사용하였다. 사진의 감광
제는 초기에는 젖은 유리판에 발랐는데, 이 습판(濕板)이 개량
되어 건판(乾板)으로 된 것이다.

뢴트겐의 실험실에 쓰지 않은 건판이 있었다. 현상해보니까
이것이 감광되어 있었다. 그가 실험한 진공관은 크룩스 관이며
음극선을 낸다. 음극선은 유리를 통과하여 관 밖으로 나올 까
닭이 없다. 그러므로 「X」가 건판과 형광판에 온 것이다.

당시 뢴트겐은 독일의 뷔르츠부르크 대학의 교수였다. 그가 고교생 때 선생의 험담을 칠판에 쓰다가 들킨 급우의 벌을 대신 받고 퇴학처분을 당한 일이 있다. 그는 간신히 다른 학교에서 공부하게 되었지만, 요컨대 호인이었다. 자연을 상대하는 과학자 중에는 호인(好人: 성품이 좋은 사람)이 많다. 이런 점에서 세속적인 인간관계에 흥미를 느끼는 문학자와는 전연 다르다. 호인이 아니고서는 과학자가 될 수 없다고 해도 좋을지 모르겠다.

그렇다고 해서 자연이 인자하다고는 할 수 없다. X선은 모습을 볼 수 없는 대신 음흉하다. 매일 같이 X선 촬영을 하고 있던 병원의 의사가 두 손을 절단해야 했던 예도 있다.

83. 비타민은 약제일까 영양소일까?

비타민이라는 말은 오늘날에는 일상용어가 되었다. 우리는 그것이 마치 조부모, 증조부모 시대에도 상시적인 용어였던 것처럼 생각하고 있다. 과연 비타민은 옛날부터 알려진 영양소일까?

일본 도쿠가와(德川, 1603~1704) 시대도 흘러 겐로쿠(元祿, 1688~1704) 경에는 현미를 정백(精白)하는 기술이 발명되어 에도(江戶, 당시의 수도)의 서민들은 백미를 먹게 되었다. 그런데 지방에서 수도로 와서 일하게 된 사람들 사이에 각기병 환자가 속출하였다. 이 '도시병'에 걸린 사람도 고향에 돌아가면 별달리 의사에게 가지 않아도 회복되었다.

유신된 후 메이지(明治) 정부는 군대의 건강관리가 중요한 것을 느끼고, 영양학 연구차 스즈끼(鈴木梅太郎) 박사를 독일에 파견하였다. 유학을 끝마쳤을 때, 그의 스승인 피셔는 일본인에

168

게 각기병이 많은 것은 고르지 못한 영양 탓인 듯하니 그것을
연구해 보라고 권하였다.

각기가 쌀겨로 치유되는 것에 착상하고, 마침내 그는 쌀겨에
서 항각기인자(抗脚氣因子)인 오리제닌을 발견하였다. 1911년의
일이다. 이해 그보다 좀 늦게 미국의 푼크가 쌀겨와 효모에서
항각기인자를 발견하고 비타민이라고 명명하였다. 비타민이란
비타(생명)와 아민을 결합한 말로써, 아민은 질소와 수소와의
화합물이다. 비타민이라는 이름을 붙인 사람은 푼크일지라도,
비타민의 발견자는 스즈끼 박사라고 해도 무방할 것이다.

그 후 맥컬럼 등의 연구로 비타민에 수용성(水溶性)의 것과
지용성(脂溶性)의 것이 있다는 것, 어느 쪽도 종류가 많다는
것, 아민류가 아닌 비타민이 있다는 것을 알게 되었다.

비타민은 영양상 없어서는 안 될 물질이며, 그 어느 하나가
결핍되어도 건강이 나빠진다. 52장 「유전자란 어떤 것일까」의
항에서 설명하였지만, 유전자의 하나하나가 효소와 관계가 있
다. 그리고 효소는 생명의 열쇠를 쥐고 있다. 효소가 정상적으
로 작용하는 것은 부모에게서 받은 대사(代謝)의 조건인데, 대부
분 효소는 조효소(助酵素)가 있음으로써 비로소 완전한 작용을
하는 것이다. 그리고 비타민이 조효소가 되는 경우가 많다. 비
타민 없이는 원활한 대사를 기대할 수 없는 것이다. 남는 문제
는 개인차에 따라 다른 하루의 필요량에 관한 연구일 것이다.

비타민이 영양소인 것을 생각하면 약제와는 전혀 성질이 다
른 것이다. 비타민은 약이 아니고 식품에 든 성질의 것이다. 그
러므로 비타민의 부작용 같은 것은 실은 우스운 이야기다. 합
성 비타민이면 다소 문제가 되지만, 식품 속에 천연으로 함유

된 비타민을 왈가왈부하는 것은 조리에 맞지 않는다. 실지로 미국에서는 비타민을 약사법 범위 밖에 두고 있다. 이점은 우리가 많이 참고해야 할 것이다. 비타민의 위치를 정함에 있어서 갈피를 못 잡고 있는 현상은 발견자들에게 빈축을 사지 않을까.

84. 호르몬은 화학물질일까?

일본 사람도 자기 나라의 다카미네 조키치(高峰讓吉)라는 이름을 아는 사람이 지금은 적다. 그러나 그의 공적은 남아 있다. 메이지(明治) 정부는 서구문화 흡수에 대단한 열의를 쏟았다. 메이지 정부는 그를 영미(英美)에 유학시켜 화학을 공부하게 하였다.

현재 일본의 화학비료 생산은 세계적 규모인데, 그는 이 사업을 최초로 일본에서 시작하게 한 사람이다.

다카미네의 이름을 세계에 떨친 것은 디아스타아제의 발견이다. 그는 오랫동안 양조법을 연구하였는데, 효모를 분석하여 녹말분해효소를 발견하고 그것을 디아스타아제라고 명명하였다. 1899년의 일인데 그는 이것을 이용한 위스키 양조법을 발명하였다.

이 위스키 양조법이 미국에서 실현되자 그는 시카고에 다카미네 화학연구소를 설립하였다. 그런데 이 위스키 양조법이 동업자의 압박으로 망하자, 그는 이를 계기로 하여 그것을 소화제로 만들어 상품화하였다. 다카디아스타아제가 그것이다.

다카디아스타아제가 성공하자, 다카미네 화학연구소를 뉴욕으로 옮기고, 그는 거기에서 소의 부신연구를 시작하였다. 그것은 당시 미국에서 출혈이 심할 때 지혈하기 위하여 소의 부신 추출물을 사용하는 습관이 있었기 때문이다. 그것은 물론 경험에 의한 것으로 누가 우연히 발견한 현상이 소문으로 퍼진 것에 불과하였다. 그는 여기에 지혈작용이 있는 물질이 있을 것으로 생각하였다. 또 부신에 상해가 있으면 혈압이 떨어지는 일이 알려져 있었는데, 그는 부신에는 혈압을 조절하는 물질을 만드는 기능이 있다고 생각하는 한편, 이 물질과 지혈작용을 하는 물질이 같은 것이 아닌가 하고 생각하였다. 그리고 드디어 아드레날린을 발견하고 그 결정을 만드는 데 성공하였다.

호르몬의 개념을 확립하고 호르몬이라는 말은 만든 사람은 영국의 베이리스와 스탈링이며, 1906년의 일이다. 그러나 다카미네 박사가 아드레날린 결정을 얻기까지는 아무도 호르몬을 순수한 화학물질로써 추출한 사람이 없었다. 이런 뜻에서 그의 업적은 호르몬 연구사상 획기적이라 하여도 좋을 것이다.

아드레날린에서 메틸기를 제거한 형태의 노르아드레날린이 발견되었을 때, 미국의 대생물학자 캐넌은 이것은 포유류에게 가장 중요한 물질이라고 하였다. 또한 아드레날린과 노르아드레날린의 비, 즉 「아드레날린 비」는 기질(氣質)을 결정하는 인자로 보게 되었다. 이처럼 발견은 발견을 낳게 한다.

85. 촉매는 어떻게 발견되었을까?

산업혁명이라고 불리는 역사상의 변동이 영국을 융성케 한 것은 유명한 일이다. 그리고 방적기와 증기기관 등의 발명이 영국에서 이루어진 것도 유명하다.

직물을 위한 실은 흴수록 보기 좋다. 그러므로 표백하는 기술도 영국에서 발달하였다. 초기의 표백법은 산패(酸敗)한 우유에 실을 담그는 방법이었다. 그리고 이것은 황산으로 바뀌었다.

섬유공업이 폭발적으로 발전하자 황산의 소비가 그에 따라 증대하였다. 그리하여 영국의 로백이 연실 황산법(鉛室黃酸法)을 발명하여 황산생산을 비약적으로 늘리는 데 성공하였다. 납으로 만든 실내에서 황을 태워서 황산으로 만든 것이다. 이 발명은 1736년에 완성되었다. 연실 황산법에서는 초석이 사용되는데, 아황산가스와 산소와의 결합 매개(結合媒介)를 할 뿐 자체는 변화하지 않는다는 사실을 발견한 것은 프랑스의 크레만, 데조름의 두 사람이다.

이 경우의 초석처럼 자신은 변화하지 않고 반응의 매개가 되는 물질을 「촉매」라고 한다. 촉매의 역사를 크레만과 데조름이 개척한 것은 1793년이 일이었다.

촉매의 연구가 진전함에 따라 여러 가지의 화학 반응이 가능하게 되었다. 석유자원이 빈약한 독일은 석탄에서 석유를 만드는 방법을 개발하였는데, 이것은 촉매화학의 성과였다. 또 독일이 1차 세계대전을 일으키게 된 것도 화약의 원료인 초석을 수입하지 않아도 된 데 기인한다고 하는데, 이 제법인 공중질소고정법도 촉매를 사용함으로써 비로소 가능했다. 하버의 발명이며, 1908년의 일이었다. 오늘날의 화학공업에서 촉매를 이용하지 않는 일은 없다고 해도 과언이 아닐 것이다.

과학사적으로 보면 촉매의 발견자는 크레만과 데조름이지만, 그 이론을 확립한 사람은 스웨덴의 베르첼리우스이며 훨씬 나중인 1836년의 일이다. 그는 1833년에 프랑스의 페얀과 페르소가 맥주효모 속에서 발견한 디아스타아제를 효소의 하나로

본 것이다. 그리고 생체 내에서 일어나는 모든 화학반응이 디아스타아제와 같이 자신이 만든 촉매에 의해 진행되는 것으로 생각하였다. 이것은 참으로 뛰어난 생각이었다. 그리하여 베르첼리우스 이래로 생명현상을 촉매작용에 결부시키는 경향이 생기기는 하였으나, 이것은 파스퇴르 일파의 반격을 받게 되었다. 발효를 연구하고 있던 파스퇴르는 그것은 촉매작용에 의한 것이 아니고 효소작용에 의한 것으로 생각하였다. 그러나 그는 마침내 자기의 주장을 부정하는 사실에 봉착하였다. 이래로 효소가 촉매임이 밝혀지고 그 연구는 눈부시게 발전하였다. 생체의 화학반응을 대사라고 하는데, 대사는 모두 효소가 좌우하는 것으로 알려졌다.

86. 암의 공포를 제거할 수 있을까?

나이를 먹어 평균 수명을 몇 살이나 넘긴 연령이 되면 죽는 원인에 관심을 끌게 된다. 그런 탓도 있어 신문을 볼 때마다 「부고」란에 자연스레 눈길이 간다. 그리고 이런 원인으로 나도 죽게 되지 않을까, 제일 많은 사인이 무엇인가 등을 생각한다.

그것은 여하간에 현재 중, 고령층이 가장 두려워하는 병은 암일 것이다. 암은 오늘날 일본인의 제2의 사인으로 부상되었다. 그 큰 원인으로는 일본이 고령화 사회로 기울어졌다는 것을 들 수 있다. 환경오염을 드는 사람도 적지 않다.

면역학을 확립시킨 버넷에 따르면 오염으로 암 환자가 증가하는 경우는 절대로 없다. 암의 원인은 태어날 때부터 체내에 숨어 있는 것이며, 나이를 먹음에 따라 그것이 나타나는 것이라 주장하고 있다.

버넷의 주장을 확인하기 위해서는 인위적인 원인으로, 또는 정상이었던 조직에 암을 발생시킬 수 있느냐 하는 문제를 다루어 보고 싶어진다. 이것을 실험하여 성공한 사람이 도쿄 대학의 교수였던 고야마기와(山極勝三郞) 박사이다. 그의 연구가 발표된 것은 1919년이고, 버넷이 자기의 이론을 쓴 「수명을 결정하는 것」의 출판은 1974년이니까, 양자는 시대적으로는 격차가 크다. 그뿐만 아니라 버넷이 이후이니까, 야마기와 박사의 의도는 이런 데 있었던 것은 아니다. 여하튼 그는 세계 최초로 인공 암을 만들어 발암실험의 길을 텄다. 그는 토끼의 귀에 콜타르를 계속 발랐다. 그러자 사마귀 같은 이상한 돌기물이 생겼는데 실험을 중단하면 없어졌다. 그러나 계속하면 악화하였다. 그는 콜타르를 발암물질이라고 하였는데, 원인은 그 속의 벤츠필렌에 있음이 후에 알려졌다.

그에 뒤이어 인공 암을 연구한 사람이 쯔쯔이(筒井秀二郞) 박사이다. 그는 쥐를 사용하여 더 간단하게 암을 만드는 방법을 발견하였다. 이것을 「쯔쯔이법」이라고 하여 세계적으로 유명해졌고 암의 실험적 연구는 한 걸음 더 전진하게 되었다.

이들 선각자는 임상가이며 이론가는 아니었다. 만약 여기에 이론이 따랐더라면, 야마기와 박사의 업적은 아마도 노벨상의 대상이 되었을 것이다.

암의 공포가 커짐에 따라 암의 실험적 연구가 성황을 이루고 있다. 이 방법의 기초를 구축한 야마기와 교수의 업적이 잊히는 것은 섭섭한 일이라 하겠다. 앞으로도 더 많은 권위자가 나와서 암의 공포를 씻어주었으면 한다.

IX. 발명 이야기

―현대 문명은 어떻게 이루어졌을까?

87. 활자는 어떻게 발명되었을까?

「활자 소외」라는 말을 듣게 되었다. 이것은 요즈음의 이야기이고, 나의 학창 시절에도 교사 시절에도 그런 말은 없었다. 책이 팔리지 않는다는 것을 가리키는 말인데, 적절한 표현인 것 같다.

「활자 소외」는 앞으로 더 심해질까?

책은 인쇄술이 완성된 이래로 문화의 상징이 되어 왔다. 인류가 언어를 갖게 되고, 그것을 시각에 옮기는 수단이 문자에 한정되고, 이것을 보존하는 방법으로 인쇄가 있고, 문자를 인쇄하는 데 활자가 있다는 것을 생각할 때, 또한 인간의 문화가 멸망하지 않으리라는 것을 생각할 때, 「활자 소외」는 더 심해지지는 않는다고 단언할 수 있다.

지금으로부터 5백여 년 전인 15세기에 독일의 자유도시 마인츠에 구텐베르크라는 보석 연마공이 있었다. 당시의 자유도시는 분쟁이 끊일 시기가 없어, 그는 스트라스부르크로 이사하였다. 거기에서 어느 날, 수도원장에게 연마한 보석을 전하는 기회에 수도원의 도서관을 볼 수 있었다. 당시 책이라는 것은 권력자나 성직자가 아니고는 좀처럼 볼 수 없는 귀중품이었다. 그것을 많이 보고 나서 그는 감동하였다. 그중에서도 특히 그의 눈에 띈 것은 「가난한 사람을 위한 성서」였다. 집에 돌아와 아내에게 그 이야기를 하였더니, 그것을 많이 만들어서 여러 사람에게 읽게 하였으면 하는 것이었다. 그도 같은 생각이 들어 목판 인쇄술을 배웠고, 수도원에서 빌려온 것을 원본삼아 종업원을 총동원하여 몇 달이 걸려서 드디어 뜻을 이루었다.

「가난한 사람을 위한 성서」로 인쇄출판업의 재미를 본 구텐

베르크는 다음에 「솔로몬의 노래」라는 책을 만들어 팔았다. 평판이 매우 좋아서 크게 돈을 벌었다.

간이 커진 구텐베르크는 진짜 「성서」 출판을 생각하게 되었다. 계획을 세워본즉, 목판을 만드는 일만도 30년이 필요한 것을 알았다. 그래도 착수할 결심을 하였다.

1445년의 어느 날 밤, 과로로 잘못하여 목판에 흠을 내고 말았다. 낙심한 구텐베르크는 망가진 목판을 어떻게 할 수 없을까 하고 생각하던 중에 묘안이 떠올랐다. 목판을 한 자 한 자 떼어내는 것이다. 그리고는 이번에는 전보다 더 정성 들여 가느다란 사각 나무막대 끝에 한자씩 알파벳을 새겼다. 이상이 활자 발명의 이야기이다.

활판인쇄는 목판인쇄와는 달리 인쇄기가 필요하다. 그는 포도를 짜는 기계를 모방하여 이것을 만들었다. 그리고 이것을 「프레스」라고 하였다. 본래 프레스는 포도를 짜는 기계를 말한다.

88. 망원경의 발명은 천문학에 무엇을 가져왔을까?

망원경이라고 하면, 별이나 천문학을 연상하는 사람이 많을 것이다. 천문대에는 반드시 좋은 망원경이 있으며, 천문학의 상징처럼 우뚝 솟아 있는 것이 보인다.

그렇다면 망원경의 발명은 상당히 오래된 것으로 생각할지 모르나 그렇지 않다. 옛날에는 천문대라고 해도 망원경 같은 것은 없었고, 천문학자는 맨눈으로 하늘을 쳐다보고 별의 위치와 운행을 관찰하는 사람이었다. 물론 별의 위치를 관측하는 간단한 기구는 있었지만.

178

옛날 천문학자의 관심은 맨눈으로 볼 수 있는 별의 위치와 운행에 한정되어 있었다. 천문학이 점성술의 연장이라고 해도 무리는 아니었을 것이다. 천문학자가 별을 더 가깝게 관찰한다든지, 맨눈으로 볼 수 없는 별을 어떻게 해서든지 발견하려 하지 않은 것도 무리가 아니었다. 이것은 결국 망원경의 발명 같은 것을 생각하지 않았다는 뜻도 된다.

17세기 초 네덜란드에 리페르셰라는 안경원 주인이 있었다. 이 사람은 근대적인 안경의 발명자인 듯하다. 아마도 그는 소수 렌즈를 갈고 틀을 만들어 하나에서 열까지 손수 안경을 만들었을 것이다.

1608년의 어느 날, 그는 자기가 만든 렌즈로 먼 곳을 바라보고 있었다. 볼록렌즈였을 것이므로 먼 경치는 조그마하게 거꾸로 보였을 것이다.

그때 그는 별생각 없이 또 하나의 렌즈를 그 앞에 대고 들여다보았다. 그러자 교회 탑 위의 바람개비가 코앞으로 다가왔다.

먼 곳에 있는 것을 가까이 끌어당긴 것이다. 리페르셰는 몹시 놀라 얼굴이 하얗게 질렸다. 아내에게도 보이고 손님에게도 보여 자기 눈이 이상해서 그런 것이 아님을 확인하였다.

망원경 발명의 명예는 이리하여 안경원 주인 리페르셰의 차지가 되었다. 그리고 이 발명의 소문은 외국에까지 전파처럼 퍼졌다.

갈릴레오의 귀에도 어느 날 이 소문이 들어갔다. 그날 저녁 그는 뜬눈으로 밤을 새우며 이것을 생각하였다. 그리고 다음 날에는 벌써 망원경을 만들었다.

「안경잡이가 아니었대도 렌즈를 사용했을 것이 틀림없다. 그것도 한 장의 렌즈로는 멀리 있는 것을 끌어당길 수 없다는 것은 뻔하다. 렌즈는 두 장일 것이다」

이것이 갈릴레오의 논리였다. 완전무결한 원반이어야 할 태양에 곰보 자국 같은 것이 있다고 보여준 그의 망원경이 악마의 도구라고 비난받았던 것을 덧붙여 둔다.

89. 나폴레옹은 왜 통조림을 만들게 하였을까?

주로 일본에서의 일이지만, 과학을 죄악시하는 사람이 있다. 그러나 우리 눈앞의 모든 인공물이 과학의 덕택인 것을 생각하면, 이런 생각이 잘못된 것이라고 하지 않을 수 없다. 과학이 범죄성을 띠게 되는 것은 정치를 배경으로 하는 자본에 이용되는 경우에 한한다.

자본주의 사회가 성립될 때까지의 과학에 범죄성을 찾으려고 하면 아무래도 무리가 생긴다. 그 예로서 통조림 발명을 들 수 있다. 독자 여러분은 우선 여기에서 통조림이라는 인공물이 일상생활에 얼마나 도움이 되고 있는지를 새삼 확인해 주기를 바란다.

실은 통조림 발명에는 정치가 얽혀 있다. 19세기 프랑스의 황제 나폴레옹 보나파르트 시대의 일이다. 그가 호전적인 인물이었다는 것은 잘 알려진 일이지만, 그의 머릿속은 전쟁으로 꽉 차 있었다. 나폴레옹 군대의 모스크바 대패배는 역사상 유명하지만, 그는 일찍부터 이 원정을 생각하고 있었던 것 같다. 먼 길의 행군에 제일 필요한 것은 식량이다. 이 때문에 그는 「영양이 풍부하고, 맛이 좋고, 휴대에 편리한 식료품」을 현상 모집할 것을 생각하였다. 다만 「소금이나 설탕 같은 방부제를 사용하지 않는 저장법」이어야 한다는 조건이었다. 소금에 절이는 것, 설탕에 재는 것은 예부터 알려진 방법이며 새로운 것이 아니니까 무의미한 것이다.

프랑스는 과자의 본고장이지만, 파리에 아빼르라는 이름의 과자 직공이 있었다. 그는 1795년경부터 식품저장법 연구에 열중하고 있었다. 유리병에 고기 같은 것을 넣고, 코르크 마개를 덮고 열탕으로 가열해 보았다. 그는 이탈리아의 라차로 스팔란차니의 실험에서 힌트를 얻었다고 한다. 스팔란차니는 채소나 고기의 진액을 플라스크에 넣고, 끓는 열탕에 4~5분간 두어 가열한 후에 주둥이를 버너로 녹여 밀봉하였다. 그리하여 속에 든 액체가 언제까지나 부패하지 않는 것을 발견하였다. 1875년의 일이다.

당시 음식의 부패는 공기 또는 산소의 탓으로 믿어왔다. 그러므로 열을 가하는 것은 이 기체를 몰아내기 위해서이다. 오늘날에는 가열은 살균하기 위한 것이지만, 그런 이해는 세균학이 발달한 후의 일이다. 아페르에게는 이런 문제는 아무래도 좋았다. 여하튼 1814년, 그의 병조림은 심사에 합격하여 상금 1만 2천 프랑을 받게 되었다. 나폴레옹은 이 발명을 실용화하고 싶었을 것이다. 그러나 이것은 모스크바 패배(1809년) 후의 일이었다. 얼마 후 퇴위하게 되어 통조림의 꿈은 영웅의 머리에서 사라졌다.

오늘날의 통조림 형태는 1820년 영국에서 함석이 발명된 후에 생긴 것이다.

볼타의 전지

90. 볼타의 전지는 어떤 문명을 이룩했을까?

과학사상 최대의 발명이 무엇이냐고 묻는다면 누구나 망설일 것이다. 어떤 사람은 전지의 발명이라고 한다. 지금 지구상 곳곳에서 전기가 이용되고 있는데, 그것은 모두 연속적으로 흐르는 전기, 즉 전류의 형태에서이다. 그리고 전류를 만드는 것은 전지의 발명에 의해 비로소 가능하게 되었다. 이런 의미에서 전지를 첫째로 손꼽아도 이상할 것은 없다. 그렇더라도 전지의 발명은 적어도 18세기에서는 최대의 것이었다. 1800년이라는 이 세기 마지막 해에 일어났던 일이다. 이 명예를 차지한 사람은 이탈리아의 물리학자 알레산드로 볼타이다. 그의 이름은 '볼타전지'에, 또 전압의 단위 '볼트'에 남아 있다.

전지의 발명은 아무것도 없는 데서 생겨난 것은 아니다. 힌트가 있었다. 그것은 같은 이탈리아의 해부학자 루이지 갈바니의 실험이다. 그가 어느 날 개구리를 해부하여 기전기 옆에 놓았다. 기전기란 손으로 돌리는 원판에 마찰 전기를 일으켜 그것을 저축하는 장치이다.

조수가 개구리의 넓적다리 신경에 칼을 대고 있을 때, 그가 우연히 기전기를 돌렸는데 불꽃이 튀니까 그 순간 넓적다리근육이 심하게 수축하였다. 이 뜻밖의 발견에 그는 놀랐다. 신경에 닿는 것이 도체이면 이 현상이 일어나지만, 부도체이면 아무 일도 없다는 것, 또 넓적다리 신경과 다리의 끝을 도체로 연결하면 불꽃이 튀지 않아도 다리가 꿈틀하고 수축하는 것을 확인하였다. 그리고 이 현상을 개구리에게서 생긴 '동물 전기'의 작용이라고 생각하였다. 또 그는 넓적다리의 신경과 다리 끝을 연결하는 회로를 두 종류의 금속으로 만들면 수축이 심한 것을 발견하였다. 또 두 종류의 금속 조합을 바꾸면 수축의 정도가 다르다는 것도 발견하였다. 그리하여 이것을 동물 전기의 기묘한 성질이라고 생각하였다.

이에 대하여 볼타는 근육의 수축은 동물이 일으킨 전기에 의한 것이 아니고, 도체가 일으킨 전기에 의한 것이라고 추리하였다. 두 종류의 금속이 개구리에 닿아 있으면 체액에 닿아 있는 것이 된다. 그러니까 두 종류의 금속을 액체에 담그면 전기가 생길 것이라고 그는 생각하였다. 그 액체로서 그는 식염수 또는 붉은 황산을 사용하고, 두 종류의 금속으로는 구리와 아연을 사용하였다. 그런즉 기대한 대로 전기가 일어났다. 이것이 볼타전지이다. 그 후 여러 학자가 새로운 전지를 발명하였지만, 현재의 건전지는 프랑스의 르끌랑쉐가 발명한 전지를 액체가 새지 않는 콤팩트형으로 개량한 것이다.

91. 와트의 증기기관은 어떻게 이루어졌을까?

유럽 세계에서는 특히 과학기술 세계에서는 공로자의 이름을 기념하는 정신이 매우 강하다. 파리에는 피에르 퀴리로(路)가 있고, 드골 공항이 있다. 그것은 지명뿐만 아니라 단위 명칭에도 붙여져, 세계적으로 통용되고 있는 것이 적지 않다. 퀴리의 이름은 방사능의 강도 단위로 사용되고 있다. 전압의 단위 볼트는 볼타에서 온 것이며, 전류의 단위 암페어는 앙페르에서, 저항의 단위 옴은 옴에서 온 것이다. 이처럼 과학자의 이름을 딴 단위 중에서 가장 널리 사용되는 것은 「와트」가 아닐까? 와트의 이름은 세계 곳곳에서 매일같이 불리고 있을 것이다. 킬로와트, 밀리와트도 통틀어서 말이다.

증기기관의 상징이었던 증기기관차가 자취를 감추고, 증기기관에서 내연기관으로 급속히 전환된 오늘에도 증기기관이 제임스 와트의 발명임을 모르는 사람은 어린이나 젊은이는 모르되, 중, 노령자 중에 한 사람도 없을 것이다.

Ⅶ장의 「71. 압력솥은 누가 생각해 냈을까?」에서 쓴 바와 같이, 증기기관의 최초 구상은 파팽에게서 나온 것이다. 이것이 영국의 뉴커맨에게 인계된 것인데, 뉴커맨의 증기기관은 커먼 엔진(통상기관)이라는 이름으로 광산지대에 등장하여, 말 대신 크게 활약하였다.

커먼 엔진은 파팽의 증기기관을 발전시킨 것에 불과하다. 파팽은 실린더 속의 수증기가 저절로 냉각되어 물이 되는 것을 기다렸다. 뉴커맨은 피스톤에 물을 부어 수증기의 응결을 촉진했다. 오직 그것뿐인 개량으로 파팽의 발명이 소생한 셈이다.

와트는 조선공의 집에 태어나 장성하여 에든버러 대학의 공작실에 취직하였다. 여기에서 수리하기 위하여 맡겨진 모형의 커먼 엔진을 보고, 그는 그 결점과 비경제성을 알았다.

비열(比熱)이니 열용량이니 하는 열에 관한 여러 가지 개념이 있는데, 이런 것을 발견한 블랙이 이 대학에 있었다. 그 덕분으로 와트는 열에 관한 고도의 지식을 얻게 되었고 이것으로 커먼 엔진을 현재의 증기기관으로 개량하는 연구에 착수하였다.

우리의 상식으로도 피스톤에 물을 부어 실린더 속의 수증기를 냉각시키는 것이 현명한 방법이 못 되는 것을 알 수 있다. 와트는 실린더 속의 수증기를 밖에서 냉각하는 방법을 생각하였다. 이것을 수증기를 응결(콘덴스)시키는 장치이니까 콘덴서라고 한다. 와트는 콘덴서의 발명으로, 또한 커먼 엔진의 상하운동을 회전운동으로 바꾸는 장치의 발명으로 증기기관의 발명자로서 영광을 차지하게 된 것이다.

92. 전기시대는 어떻게 시작되었을까?

보호 대상 가정에서 태어나, 어린 시절에는 제본소의 소년공이 되어, 일과를 마치고 나서 손님의 책을 읽고, 용돈을 모아서 산 기구와 약품으로 물리화학의 실험을 하는 등 매우 고달픈 하루하루를 쌓아 올려 세계적인 과학자가 된 사람이 있다. 후에 런던의 왕립연구소 교수가 된 패러데이이다. 그가 어린이를 위해 행한 크리스마스 강연 「초의 과학」은 유명하다.

그의 방대한 일기도 유명한데, 거기에는 실험관찰에 관한 것 외에는 적혀 있지 않다. 그리고 또 하나의 특징은 자신을 「그」라고 쓴 점이다. 자기를 항상 대상화한 것에서 과학자로서의 면목이 엿보인다. 그를 「자연의 비밀을 냄새 맡는 코의 소유자」라고 하였는데, 패러데이야말로 전형적인 과학자라 하겠다.

덴마크의 외르스테드가 전류가 있으면 그 옆의 자침이 움직이는 것을 발견한 것은 1820년의 일이다. 이른바 「전류의 자기작용」이다. 자연의 비밀을 냄새 맡은 코의 소유자는 그 반대 현상, 즉 자석이 전류를 일으키는 작용이 있을 것으로 생각하였다. 이 과제를 잊어버리지 않기 위해 조끼 주머니에 항상 자석을 간직하고 있었다. 그 보람이 있어 1831년에 전자기유도를 발견하였다. 이때 그는 쇠로 된 고리에 두 개의 코일을 각각 감았다. 한쪽 코일에는 전지를, 다른 코일에는 미터를 연결하였다. 전지의 스위치를 넣으니까 미터의 바늘이 움직였다. 자석이 전류를 유도한 것이다. 전류가 전지 없이 발생한다는 발견은 중대한 의미가 있었다.

이때 한 신사가 40세가 된 과학자에게

「이 발견은 어떤 실용성이 있습니까?」

하고 물었다.

「갓난아이에게 장차 무엇이 되겠느냐고 묻는 셈이군요」

가 그의 대답이었다.

전자유도의 발견은 발전기 발명의 길을 열었다. 그러나 이것은 그의 일이 아니었다.

패러데이의 발견에 곧 관심을 보인 사람은 프랑스의 픽시였다. 그는 코일을 감은 철심(전동자) 옆에서 V자형 자석을 돌리는 장치를 만들었다. 이 장치로는 전동자 코일에 유도전류가 발생하였으나 그것은 교류였다.

전지의 직류밖에 모르는 픽시는 교류는 가치가 없다고 생각하고 앙페르에게 의논하였다. 그리하여 직류를 얻은 정류자를 발명한 것이다. 이것은 직류발전기의 발명이라고 해도 좋다. 픽시는 패러데이의 발견이 있었던 해인 1831년에 이미 발전기의 제작을 완성하였다.

영구자석보다는 전자석이 편리하다. 이 전자석도 딴 전원에서 전류를 보낼 필요가 없는 것이라면 더욱 편리하다. 이런 발전기를 발명한 것은 독일의 지멘스였다.

93. 여성 참전권의 길을 재봉틀이 열었을까?

하우는 태어날 때부터 절름발이이고 허약한 사람이었다. 방앗간을 하면서 가난에 허덕이던 그의 집에서는 그가 7세가 되자 직물공장에 보냈다. 19세기 초 미국 매사추세츠 이야기이다.

얼마 후 그는 케임브리지에 가서 기계공장에서 일하게 되고, 결혼도 하였다. 그러나 약한 몸에 일은 고되어, 하루의 일을 마치고 집에 돌아가면 쓰러지듯이 침대에 드러눕는 형편이었다. 그의 젊은 아내는 어두운 등불 밑에서 삯바느질에 바빴다. 젊은 남편은 기계적인 이 작업을 들여다보는 것이 매일 밤의 일이었다.

하우는 재봉하는 기계를 만들 수 없을까 하고 생각하게 되었다. 실은 재봉틀의 발명을 꿈꾼 사람은 수없이 많다. 이에 대한 사회적 요청이 간절한데도 불구하고 아무도 성공한 사람이 없었다.

하우는 재봉틀을 발명할 것을 굳게 결심하고 아내에게 맹세하였다. 침대 위의 남편과 바느질하고 있는 아내 사이에 밤마다 의논이 시작되었다.

다행히도 하우는 기계공장에서 일하고 있었으므로 간단한 물건이면 만들 수 있었다. 우선 그는 바느질하는 손의 움직임을 흉내 내는 운동을 하는 기계를 고안하였다. 이 기계에서 사용하는 바늘은 양 끝이 뾰족하고 그 중앙에 구멍이 있다. 이 구멍에 실을 맨다.

이 기계는 결이 거친 천은 바느질이 되었지만, 결이 치밀한 것은 실이 닳아 끊겨서 되지 않았다. 실패한 것이다.

1844년 하우가 25세 때 드디어 성공하였다. 구부러진 한 단에 바늘귀가 있는 바늘과 두 줄의 실을 사용하는 것이었다고 하는데 그 기구는 잘 알려지지 않았다.

하우의 발명이 유망하다고 본 사업가가 작업장을 제공하고 자금을 대었다. 덕택으로 재봉틀의 판매가 가능한 단계에 이르렀을 때 보스턴에서 맹렬한 배척 운동이 일어났다. 이 기계로 말미암아 일거리를 잃게 되는 사람들이 광장, 공원 등에 모여 맹렬한 시위를 벌인 것이다. 이것을 보고 후원자는 하우를 버렸다. 그는 미국을 떠나서 영국으로 갔다.

절름발이 하우는 여기에서도 뜻을 이루지 못하고, 특허권을 저당 잡혀 여비를 마련하여 간신히 미국으로 돌아와 임종의 아내와 다시 만났다.

오늘날의 재봉틀은 하우의 기계를 싱거가 개량한 것이다. 싱거가 특허를 얻은 것은 1851년이니까 하우보다 7년 후가 된다. 재봉틀 개량에 몰두하고 있던 싱거는 어느 날 밤, 중간쯤에 구멍이 있는 창을 휘두르는 기사(騎士)의 꿈을 꾸었다. 이것이 중요한 힌트가 되었다고 한다. 재봉틀의 발명은 여성들의 생활을 바꾸고, 여성 참정권의 길을 열었다.

94. 폭약이 왜 노벨상의 기금이 되었을까?

노벨이라고 하면 다이너마이트의 발명으로 막대한 재산을 모으고, 독신이었던 까닭에 모든 것을 바쳐 '노벨상'의 기금을 만든 유명한 알프레드 노벨이 떠오른다. 이 책에 등장하는 과학자로서 노벨상에 빛나는 사람이 많다.

노벨상의 대상은 물리, 화학, 생리학, 의학, 문학, 평화 등 다양한데, 이것은 그의 활동 범위가 넓었던 것을 뜻한다. 다이너마이트의 발명은 물리·화학에 걸치는 것이다. 현재의 카롤린스카 의과대학(당시의 카롤린스카 학원)에 그는 생전부터 기부를 해왔다. 문학은 그가 시종 염원하고, 실제로 그것을 위해 활동한 분야이다. 노벨상은 그의 유언에 따라, 사후 5년째인 1901년부터 시작되었다. 그의 유언 중 문학상의 항에서는 「이상주의 경향이 가장 강한 문학작품」으로 되어 있었다.

부친은 스웨덴의 발명광인 건축기사였다. 우리가 잘 알고 있는 베니어판이나 온수난방은 그의 발명이다. 호인인 아버지 임마누엘은 가난에 시달리자 가족을 두고 러시아에서 신천지를 찾으려고 하였다.

여기에서 수뢰(水雷)와 지뢰를 발명하여 군국주의 러시아에 잘 보여 조성금을 얻었다. 그는 이것으로 대병기 공장을 건설하고, 가족을 불러들였다. 이때 알프레드는 9세였는데, 두 형과 같이 학교를 중퇴하고 호화로운 집을 학교로 삼아 우수한 가정교사 밑에서 수학, 자연, 문학, 철학 등 각 방면의 공부를 하였다. 노벨의 공장은 러시아에서 손꼽는 규모로, 주로 군함이나 상선에 사용할 증기기관을 만들었다.

알프레드는 두 형이 부친의 일을 계승하고 자기는 문학을 하려고 했다. 그런데 그가 17세 때, 그의 부친은 알프레드를 미국에서 활약하고 있던 스웨덴 사람인 존 에릭슨의 공장으로 유학시키려 했다. 이 사람은 처음으로 철제 군함을 만들고, 처음으로 증기 기관으로 스크루를 돌린 사람이다. 알프레드는 미국 유학을 적당히 끝내고, 돌아오는 뱃속에서 문학 서적을 읽고 시를 지으면서 파리에 닿자, 여기에서 2년간을 빈둥거리며 지냈다.

그가 상트페테르부르크에 돌아오자마자 곧 수뢰실험이 시작되었다. 얼마 후 크리미아 전쟁이 발발하여, 부친은 정부의 요청으로 공장 규모를 크게 확장했다. 그러나 패전으로 공장이 몰락하여 고향으로 돌아갔다. 알프레드는 맏형의 공장 일을 돌보며 멋대로 날을 보내고 있었다.

어느 날 그는 부친이 흥미를 느끼고 있었던 니트로글리세린 생각이 났다. 이것은 그 폭발이 매우 불안정한 위험한 물질로 알려져 있었다. 그는 폭발에 관한 화학을 연구하여 불안정한 상태를 안전한 상태로 만들었다. 이것이 다이너마이트이다. 이것으로 그는 폭약의 세계에 군림하게 되고, 거부가 된 것이다.

95. 에디슨은 어떻게 대발명왕이 될 수 있었을까?

대형발전기, 전등, 축음기, 영화, 라디오, 텔레비전, 테이프 레코더, 전자현미경, 컴퓨터, 자동차, 비행기, 원자로, 플라스틱, 스테로이드 호르몬제, 항생제 등을 나열해 보면 모두 다 최근 1세기 동안의 산물들이다. 이 세기는 대발명 시대라 할 수 있겠다. 이 중 어느 하나를 들어보아도, 한 사람의 힘으로는 감당하기 어려우리만큼 거창한 것들이다. 그런데 이 가운데 4개를 혼자서 해낸 것이 미국의 발명왕 토머스 알바 에디슨이다.

그는 천재라고 불리는 것을 못마땅하게 여겼다. 「천재는 99%의 땀과 1%의 영감으로 이룩된다」는 명언은 그가 한 말이다. 영감이라는 것은 바탕이 없는 곳에 뚝 떨어지는 것은 아니며, 연구 노력 끝에 싹트는 것임을 생각하면 「천재는 100%의 땀」이라고 해도 과언이 아닐 것이다.

천재이건 범인이건 간에 사람이 하는 모든 일은 유전자가 지배하는 바이며, 부모에게서 물려받은 것이다. 사람들이 천재는 타고난 자질이라고 곧잘 말하는데, 이것이 사실이라면 그 부모도 천재이고 그 자식도 천재가 아니면 앞뒤가 맞지 않는다. 천재는 유전이 아니다. 물론 돌연변이도 아니다. 돌연변이라면 자식에게 유전되기 때문이다.

천재는 어쩌면 편집광(偏執狂)의 일종일지 모르겠다. 그렇다면 그 한 대로서 끝나는 것은 이상할 것이 없다. 여하튼 에디슨은 천재라고 불리는 것을 싫어했다. 예술가라면 모르되, 과학자 가운데 편집광으로서 성공한 사람은 보이지 않는다. 천재이건 편집광이건 자기 일대에서 이루어지는 것이다.

진화론의 다윈은 「나의 정신 발달에 있어서 학교처럼 해로운 것은 없었다」고 말한 일이 있다. 에디슨에게도 이 말이 적용된다. 그는 초등학교에 입학하여 2개월 만에 퇴학당했다. 지능이 낮다는 것이 이유였다. 그 후로는 학교와는 인연이 끊어지고, 결국 가정교육밖에 받은 것이 없다. 인간에게 창조력이 최고의 것으로 평가되는데, 이것은 지능지수나 형식적인 교육과도 관계가 없는 성질의 것이다.

그의 노력은 대단했다. 12살 때, 제힘으로 철도 회사와 교섭하여 차내 판매권을 얻었다. 열차는 오전 7시에 출발하여 10시에 종착역에 도착하는데, 열차가 돌아오는 시간까지의 8시간을 도서관에서 지내면서 1만 6천 권의 책을 독파하려 하였다. 귀가하는 시간은 밤 9시 반이었다.

전등을 발명할 때는 50명의 연구원과 함께 13개월 동안 거의 집에 돌아가지 않았다. 졸리면 책을 베개 삼아 잠깐 눈을 붙이며 초인적인 노력을 집중하여 수천 종의 필라멘트 재료를 실험했고, 마침내 검댕이와 타르를 바른 무명실을 얻었다. 「에디슨 씨는 자는 동안에도 책의 내용을 흡수한다」고들 하였는데, 이 노력과 땀이 발명왕을 만든 것이다.

96. 자동차 사회는 어떻게 이룩되었을까?

포드라는 자동차를 모르는 사람은 없을 것이다. 자동차의 역사 가운데 포드는 최고봉인 것처럼 보인다. 그러나 그의 공적은 자동차를 일반 시민이 쉽게 살 수 있는 탈것으로 만든 데 있다. 그가 1902년 포드 자동차 회사를 설립하자 고임금, 고능률의 가치를 걸고 하루 8시간 노동, 최저임금을 하루 5달러로 하였다(편집자 주-당시 동종업계의 평균 임금은 2.34달러였다). 그리하여 1926년에는 연산 80만 대 선에 도달하였다. 이것이 자동차 가격을 낮추는 방법이었다. 포드의 사회에서의 첫출발은 에디슨 전등회사의 기계공이었다.

지금은 미국이 자동차의 본고장같이 보이지만 실은 유럽이며, 자동차에 관한 한 미국은 후진국이었다. 다 아는 바와 같이 자동차는 가솔린 엔진으로 움직인다. 자동차에 실을 수 있는 내연기관의 발명에서 자동차의 실질적 역사가 시작된다.

점화전에 전기불꽃을 일게 하여 혼합기체를 폭발시키는 방식의 가솔린 엔진을 발명한 사람은 독일의 다임러로 1883년의 일이다. 그는 다음 해 이륜차에 그것을 장치하였다. 그리고 삼륜차, 사륜차로 진행했다. 1886년에는 트럭을 만들었는데, 1.5마력의 수랭식(물로 식히는 방식) 엔진을 싣고, 시속 18㎞로 달렸다.

속도의 조절은 원뿔활차의 벨트로 하였을 것이다. 하여간 속도의 조절이 가능해졌다.

다임러는 카를스루에의 기계공장 출신인데, 여기에서 일하는 기계공의 한 사람으로 벤츠가 있었다. 이 벤츠가 다임러의 적수로서 얼마 후에 등장한다. 그는 날씬한 차를 만들어 미국에 수출하였다. 이것이 미국인이 처음 본 자동차이다. 이 당시의 자동차는 큰 바퀴만이 눈에 띄는 일인승차였다.

오늘의 차는 섀시(차대)와 보디(차체)로 나누어져 있으나, 이 방식을 발명한 것은 프랑스의 르바스르이다. 그는 변속기어 장치, 라디에이터, 클러치 등을 발명하여 섀시에 장치하였다. 디퍼런셜 기어를 발명한 것도 르바스르인데, 그 장치방법은 현재 것과는 다르다. 크게 보면 그의 것과 현대의 자동차와의 차이는 그것밖에 없다. 지금의 디퍼런셜 기어를 발명한 사람은 다임러 자동차회사의 영국인 고문 란체스터로 1895년의 일이다.

20세기에 들어서자 미국은 자동차 왕국이 되었다. 물론 이것은 주로 포드의 덕분이다. 그는 시험용 자동차를 만들면 아내를 태우고 매일 밤 심야 드라이브를 하여 결함이 있으면 개량하였다. 도로상에 주차할 때에는 시민들의 장난이 염려스러워서 말을 매듯이 가로수에 자동차를 단단히 매곤 하였다.

97. 전동차 안전 운전의 길을 튼 공기제동기의 발명은?

전동차의 제동기는 공기의 압력을 이용한 것임을 우리는 알고 있다. 정차 중에 덜컹덜컹하는 소리는 제동기를 작동시키기 위한 공기를 압축하는 펌프에서 나오는 것을 알고 있는 사람도 많을 것이다. 그러나 이 편리한 것이 처음부터 있었던 것은 아니다.

전동차는 독일의 지멘스가 발명한 것인데, 그는 1879년에 개최된 베를린 공업박람회에서 세계 최초의 전동차를 출품하였다. 이것은 전기기관차로서 조그마한 객차를 끄는 것으로 실제로 10명의 승객을 태우고 회장 안을 질주하였다.

지멘스의 전동차에도 제동기는 있었으나 이것은 인력에 의하는 것이었다. 옛날 전동차의 제동기도 인력으로 작동시키는 것이었다. 당시의 운전대에는 아무 덮개가 없어서 눈이나 비가 사정없이 운전사 얼굴에 내렸다. 운전사는 오른손에 수동제동기 핸들을 잡고, 왼손으로 속도조절기의 핸들을 잡았다. 수동제동기는 브레이크슈를 당기는 막대를 체인으로 작동시키는 구조이다.

노면전차에서 젊은이들이 뛰어오르고 뛰어내리는 것은 다반사였다. 나도 그런 짓을 자주 하였으므로, 운전사의 노고도 운전대의 모양도 잘 기억하고 있다. 왼손으로 핸들을 잡고 있는 그 속도조절기는 전기저항의 변화로 모터의 속도를 조절하는 것으로서 에디슨이 발명한 것이다.

그것은 그렇다 치고 공기제동기 발명의 이야기인데, 이것은 웨스팅하우스가 완성한 것이다. 그의 이름이 붙은 회사가 현재 미국에 있는데, 그는 발명왕 에디슨의 좋은 적수였다.

1867년의 어느 날 그가 타고 있는 열차가 화물열차와 충돌하였다. 브레이크가 듣지 않아서 서로 열차가 다가오는 것을 알면서도 충돌한 것이다.

웨스팅하우스는 수동제동기는 신뢰가 가지 않는다고 생각하고 그 개량을 모색하게 되었다. 때마침 세일즈맨이 와서 잡지를 팔고 갔다. 며칠이나 내버려 두었던 책을 무심히 폈더니 스위스의 터널 공사에 관한 기사가 있고, 압축공기기계가 활약하고 있다는 것이 적혀 있었다. 그는 무릎을 치고 압축공기야말로 미래의 제동기의 주역이라고 단정하였다.

각 차량에 피스톤과 실린더를 장치하고, 이 실린더에 압축공기를 보내서 브레이크슈를 작동시키는 에어브레이크가 처음으로 큰 사고를 방지하는 데 성공한 것은 1869년 4월의 일이었다. 그리하여 웨스팅하우스는 발명가로서 크게 주목을 받았다.

98. 태평양전쟁이 나일론을 낳게 했을까?

일본은 지금 경제 대국으로 불리고 있다. 중공업, 중화학공업이 활발하고, 철강을 생산하고, 자동차를 만들고, 화학제품을 만들어서 세계시장에 수출하여 외화를 획득하고 있다. 그러나 1920년대까지만 해도 일본의 주요수출품은 생사(生絲)였다. 서양 각국의 여성은 일본의 명주 스타킹을 좋아했다. 얇지만 질기고 면이나 털 스타킹에 비교해 단연 아름답다. 일본에서는 대략 10살 되는 소녀들의 땀과 눈물로, 싸고 아름다운 생사를 만들기에 혈안이 되어 외화를 벌고 군비 확장에 광분하였다. 이 명주 스타킹이 지금은 나일론제로 바뀌고 일본은 생사의 수입국이 되었다.

명주 스타킹의 최대 소비국은 미국이었다. 그러므로 미국에

서는 어떻게 해서든지 명주 대용품으로서, 명주에 못지않은 섬
유를 개발하려고 전력을 기울였다. 그러나 그것은 가능성을 예
측할 수 없는 어려운 일이었다.

1928년의 어느 날, 미국의 고등학교 교사 월러스 캐로더즈
가 뒤퐁사의 기사로 초빙되었다. 이 회사는 대용 고무의 개발
을 목표로 하고 있었다. 작은 분자를 긴 나선상으로 연결하지
못하는 한, 천연고무를 담은 물질을 만들어내는 것은 불가능하
다. 이 '중합'의 새로운 기술개발을 위한 프로젝트팀의 리더로
서 32세의 소장화학자가 초빙된 것이었다. 그의 훌륭한 재능은
여기에서 진가를 발휘하여 천연고무보다 우수한 합성고무를 다
음 해인 1929년에 완성하였다. 고온과 고압과 촉매로 인공으
로 만들어진 일이 없는 길고 긴 고분자가 생긴 것이다.

명주의 섬유도 천연의 고분자이다. 캐로더즈는 방향을 돌려
명주 대용품에 눈을 돌렸다. 그리하여 광택이나 강도에서도 명
주를 능가하는 고분자 '나일론'의 발명을 완성한 것은 1935년
이었다. 그 원료가 석탄과 공기와 물이라는 것을 듣고 세계는
깜짝 놀랐다.

캐로더즈는 나일론 스타킹이 여성의 다리를 아름답게 돋보이
는 것을 보지 못하고, 1937년 41세 되던 생일날 혼자서 호수
에 보트를 띄우고 나간 채 그대로 돌아오지 않았다.

그는 고독한 니힐리스트(허무주의자)였다. 니힐은 '닐', 즉 0
이라는 뜻이다. 그는 자기가 발명한 화학물질에 NYL(닐)과 뒤
퐁(DUPONT)의 ON을 붙인 NYLON이라는 이름을 붙이고 세
상을 떠났다.

뒤퐁은 '죽음의 상인'으로 악명 높은 다국적 기업체이다. 히

로시마, 나가사키의 원자폭탄을 제조한 것이 이 회사인데, 합성 고무의 개발도 군의 요청에 의한 것이었다. 캐로더즈를 니힐리스트로 만든 것은 뒤퐁의 체질이 아니었을까.

99. 컴퓨터는 무엇 때문에 발명되었을까?

미국의 매사추세츠공대 교수 노버트 위너는 수학자였다. 어떤 대학에서도 교수는 연구실을 갖고 있다. 그는 다른 교수 연구실의 문 저쪽이 자기와 동떨어져 있는 세계임을 유감으로 생각하였다. 거기에서는 딴 영역의 이야깃거리가 논의되는 것은 부득이하다 하더라도, 같은 개념이어야 할 것이 딴말로 이야기된다. 그는 교수들에게 문을 열고 한곳에 모여 지혜를 합치자고 제안하였다. 과제는 인간의 뇌 작용이었다. 전기공학자, 생리학자, 물리학자도 얼굴을 맞대고 함께 토론한 것은 2차 대전 중의 이야기이다.

미군은 일본 비행기의 폭격에 대처하기 위하여 애쓰고 있었다. 비행기가 나는 고도까지 고사포의 탄환이 올라가려면 상당한 시간이 걸린다. 비행기는 지그재그 비행을 하므로 명중률이 매우 낮다. 이것을 격추하기 위해서는 복잡한 진로를 예측하여 거기에 포탄으로 쏘아 올려야 한다. 인간의 뇌와 같은 고도의 작용을 하는 고사포 조준장치가 필요하다고 군 당국은 생각하였다. 그리고 위너의 그룹에 이것을 요청하였다.

이 그룹은 '사이버네틱스'라는 새로운 학문을 개척하던 중이었다. 이것은 '키잡이'를 뜻하는 술어이다. 키잡이는 상황에 따른 조치여야 하며 이것을 기계로 처리하는 것이 소위 '자동제어'이다. 사이버네틱스는 자동제어를 중심으로 하는 학문이다.

또 상황은 정보의 형태로 입력된다. 그러므로 사이버네틱스는 정보처리를 중심으로 하는 학문인 것이다. 미군 당국이 고사포 조준장치 개발을 위해 위너의 사이버네틱스에 주목한 것은 현명한 일이었다.

양심적인 과학자는 전쟁에 협력하는 것을 꺼린다. 위너 그룹은 군 당국의 요청을 거부하였으나 결국 협력하게 되었다.

사이버네틱스를 이용한 고사포는 대단히 우수하였다. 일본 폭격기를 척척 격추했고, 일본 비행사는 고사포의 명중률이 기막히게 높아져 무슨 일인가 당황해하였다. 어쨌든 컴퓨터의 역사는 여기에서 시작된다. 컴퓨터는 '계산기'를 뜻하는 말이다.

전쟁이 끝난 후 컴퓨터는 체스(서양 장기)의 명수와 대국하여 이겼다. 또 대통령 선거 결과를 개표 중에 예측하여 맞혔다. 이같은 경이적 업적을 쌓아 올린 컴퓨터는 차츰 그 가치가 인정되기 시작하였다.

컴퓨터라고 불리는 인간 두뇌에 필적하는 기계의 발명이 각 방면의 전문가의 자유로운 대화에서 이루어졌다는 것을 우리는 하나의 교훈으로 삼아야 할 것이다.

(99의 ？)

발명과 발견
누가, 왜 처음으로 알아차렸을까

1 쇄   2018년 03월 23일

지은이   미쯔이시 이와오
옮긴이   손영수
펴낸이   손영일
펴낸곳   전파과학사
주소   서울시 서대문구 증가로18, 204호
등록   1956. 7. 23. 등록 제10-89호
전화   (02)333-8877(8855)
FAX   (02)334-8092
홈페이지   www.s-wave.co.kr
E-mail   chonpa2@hanmail.net
공식블로그   http://blog.naver.com/siencia
ISBN 978-89-7044-805-3 (03400)
파본은 구입처에서 교환해 드립니다.
정가는 커버에 표시되어 있습니다.

도서목록
BLUE BACKS

도서목록
현대과학신서